Crocheted lace

◇◇◇ 누구나 알기 쉬운 ◇◇◇

레이스 뜨기의 기초
핸드북

처음 뜨는 크로셰 레이스

∞ Contents ∞

뜨기 전에 알아두면 좋은 것들

꽃 도일리

How to make ▶▶ P.22

선명하게 떠오르는 꽃무늬가 사랑스러운 작
은 도일리입니다. 테두리의 피코뜨기가 사랑
스러운 느낌을 한층 더합니다.

사용 실: 올림푸스 에미 그란데 '컬러스'
디자인: 엔도 히로미
제작: 하나시마 기요코

4

꽃 도일리 어레인지

How to make ▶▶ P.29

a는 단수를 늘리고 테두리의 피코뜨기에 비즈를 넣어서 저그 커버로 만들었습니다. b는 꽃잎 부분을 강조한 배색으로 꽃 이미지가 더욱 또렷해졌습니다.

사용 실: 올림푸스 에미 그란데 '컬러스'

디자인: 엔도 히로미

제작: 하나시마 기요코

파인애플 무늬 도일리

How to make ▶▶ P.32

사슬뜨기 네트로 만드는 작은 파인애플을 연상시키는 무늬입니다. 크로셰 레이스의 인기 무늬인 파인애플 무늬는 뜨기도 쉬워 성취감을 느낄 수 있어요.

사용 실: 올림푸스 에미 그란데

디자인: 바람공방

제작: 스즈키 세하

How to make ▶▶ P.34

오너먼트

가느다란 실로 자그마한 모티브를 떴습
니다. 끈을 달아서 걸면 멋진 장식이 되지
요. 코스터나 와펜으로 사용해도 좋아요.

사용 실: DMC 세벨리아 #20
디자인: 바람공방
제작: 스즈키 세하

사각 모티브 도일리

How to make ▶▶ P.36

꽃처럼 보이는 '중심에서부터 사각형으로 뜬
모티브' 4장을 연결해 하나의 작품을 만들었
습니다. 모티브와 모티브를 연결한 곳에도
새로운 무늬가 생기는 것이 재밌어요.

사용 실: 올림푸스 에미 그란데 '컬러스'
디자인: 엔도 히로미
제작: 후카자와 마사코

모티브 연결 주머니

How to make ▶▶ P.38

왼쪽 페이지 모티브의 중심 부분을 배색하여
새로운 느낌의 모티브를 떠서 연결했어요. 한
길 긴뜨기와 사슬뜨기로 뜨는 심플한 뜨개바
탕과 조합해 주머니로 완성했습니다.

사용 실: 올림푸스 에미 그란데 '컬러스'
디자인: 엔도 히로미
제작: 후카자와 마사코

원형 모티브 멀티 커버

How to make ▶▶ P.40

맑은 블루와 그린 컬러의 모던한 조합이 왠지 북유럽
을 떠올리게 합니다. 원형 모티브 둘레에 오프 화이트
실로 꽃 모양 테두리를 둘러 사랑스러운 느낌을 더해
주세요.

사용 실: 올림푸스 에미 그란데 '컬러스'
디자인: 엔도 히로미
제작: 다카하시 마유리

가느다란 실로 고급스럽게 완성한 원형 꽃 모티브의 장식 칼라입니다. 같은 실로 뜬 끈은 묶어도, 늘어뜨려도 OK.

사용 실: DARUMA 레이스 실 #30 아오이
디자인: 바람공방
제작: 다카하시 마유리

◇◇◇ 모눈뜨기 ◇◇◇

사슬뜨기와 한길 긴뜨기로 모눈 모양을 뜨고,
한길 긴뜨기로 네모 칸을 메워서 무늬를 만듭니다.

a

b

동물무늬 코스터

How to make ▶▶ P.44

사슬 기초코에서 시작하는 왕복뜨기에
도전! 단정한 모눈뜨기의 비법은 한길
긴뜨기의 코 줍는 방법입니다. 고양이와
토끼의 실루엣을 떠보아요.

사용 실: 올림푸스 에미 그란데
디자인·제작: 스즈키 구미

꽃무늬 삼각 숄

How to make ▶▶ P.48

등 쪽의 삼각형 꼭짓점에서 시작하여 좌우에
사슬로 코를 늘리면서 뜹니다. 큼직한 꽃무늬
가 레트로하면서 귀여운 미니 숄은 머리에 쓰
면 바부슈카(babushka 러시아 전통의 헤드
스카프: 역주)가 된답니다.

사용 실: 올림푸스 에미 그란데
디자인: anne
어레인지·제작: 스즈키 구미

2겹·3겹의 꽃이나 이랑뜨기의 잎 등
입체적인 모티브를 떠보아요.

a

b

c

브로치 3종

How to make ▶▶ P.50

전통적인 아이리시 레이스의 모티브를 어레
인지하고 조합하여 브로치로 만들었습니다.
색상을 바꾸면 또 다른 분위기로 바뀐답니다.

사용 실: 올림푸스 에미 그란데
어레인지·제작: 다카하시 사다코

14

세로로 긴 파우치

How to make ▶▶ P.56

사각 모티브를 연결하고 입체 모티브로 장식한 세로로 긴 파우치는 안경이나 스마트폰 케이스로 활용해주세요. 취향에 따라 끈을 달아도 편리합니다.

사용 실: 올림푸스 에미 그란데, 에미 그란데 '컬러스'
디자인·제작: 다카하시 사다코

◇◇◇ 에징·브레이드 ◇◇◇

뜨개바탕이나 천의 테두리를 두르거나 포인트 장식으로 사용합니다.
리본 대용으로도 편리하게 사용할 수 있습니다.

다양한 에징·브레이드

How to make ▶▶ P.60

폭이 좁은 것, 넓은 것, 비즈를 넣은 것⋯. 옷의 밑단이나 옷깃, 손수건의
테두리 장식 등 자유로운 발상으로 다양하게 응용해보세요.

사용 실: 올림푸스 에미 그란데
디자인: 바람공방
제작: 니시오 아키코

헤어밴드

How to make ▶▶ P.59

브레이드의 양쪽 끝에 작은 모눈뜨기로 고
무줄 넣는 구멍을 만들어 헤어밴드로 완성
하였습니다. 브레이드는 처음에 길이를 정
하여 무늬 분량의 사슬을 뜨고, 사슬의 양쪽
에서 코를 주워 뜨는 방식입니다.

사용 실: DMC 세벨리아 #10
브레이드 디자인: 엔도 히로미
어레인지·제작: 누시요 가오리

뜨기 전에 알아두면 좋은 것들

◇◇◇ 준비물 ◇◇◇

ⓐ 레이스 실

주로 코튼 소재의 가는 실로, 실의 굵기는 '번수'로 표시합니다. 번수는 실의 무게와 길이의 관계를 나타내는 호칭으로, 같은 무게에 가늘고 길어질수록 번수의 숫자가 커집니다. 일반적으로 많이 사용하는 것은 #18~#50 정도입니다.

ⓑ 레이스 코바늘

코바늘과 같은 구조로 2/0호보다 가는 0호 이하의 코바늘입니다. 호수가 커질수록 가늘어집니다. 실의 굵기에 맞는 호수의 코바늘을 고릅니다.

ⓒ 돗바늘

실에 맞추어 가느다란 크로스스티치 바늘(No.19~23)을 사용합니다. 바늘 끝이 살짝 둥글게 되어 있고, 실 정리 등에 사용합니다.

ⓓ 가위

실을 자를 때 사용합니다. 끝이 뾰족한 수예용을 추천합니다.

ⓔ 줄자

뜬 것의 크기를 확인할 때 사용합니다.

레이스 뜨기의 바늘과 실

레이스 실의 굵기를 나타내는 단위를 번수라고 합니다.

실의 번수에 맞추어 적절한 호수의 레이스 코바늘을 고르는 것이 중요합니다. 아래의 표를 참고해 주세요.

레이스 코바늘과 실의 굵기 (실물 크기)

레이스 코바늘

호수	굵기	
0호	1.75mm	
2호	1.50mm	
4호	1.25mm	
6호	1.00mm	
8호	0.90mm	
10호	0.75mm	
12호	0.60mm	

레이스 실

	브랜드	실 이름
	올림푸스	에미 그란데
	DMC	세벨리아 #10
	DMC	세벨리아 #20
	DMC	콜도넷 스페셜 #20
	DARUMA	레이스 실 #30 아오이
	올림푸스	금표 30번 레이스 실
	올림푸스	금표 40번 레이스 실
	DARUMA	레이스 실 #40
	DARUMA	레이스 실 #40 무라사키노
	DMC	콜도넷 스페셜 #40
	DARUMA	레이스 실 #60
	DMC	콜도넷 스페셜 #60
	올림푸스	금표 70번 레이스 실
	DMC	콜도넷 스페셜 #80
	DARUMA	레이스 실 #80

※ 적합한 바늘은 대략적인 기준입니다. 번수의 표기 기준은 생산 국가 또는 브랜드에 따라서도 차이가 있습니다
   (위의 표에서 DMC는 프랑스 실, 나머지는 일본 실입니다).

이 책의 작품에 사용한 실

실 이름	소재	형태·길이	적합한 바늘
올림푸스 에미 그란데	면 100%	50g 볼·218m	코바늘 2/0호 ~ 레이스 코바늘 0호
올림푸스 에미 그란데 '컬러스'	면 100%	10g 볼·44m	코바늘 2/0호 ~ 레이스 코바늘 0호
DMC 세벨리아 #10	면 100%	50g 볼·약 270m	레이스 코바늘 0 ~ 2호
DMC 세벨리아 #20	면 100%	50g 볼· 410m	레이스 코바늘 2 ~ 4호
DARUMA 레이스 실 #30 아오이	면 100%	25g 볼·145m	레이스 코바늘 2 ~ 4호

레이스 실로 뜬 실물 크기 모티브

앞 페이지에서 소개한 15종의 레이스 실로 똑같은 모티브(p.39 참조)를 떠보았습니다.
사진은 실물 크기이므로 뜨개할 때 기준으로 참고하세요.

올림푸스
에미그란데
레이스 코바늘 0호 사용

DMC
세벨리아 #10
레이스 코바늘 0호 사용

DARUMA
레이스 실 #30 아오이
레이스 코바늘 2호 사용

DMC
세벨리아 #20
레이스 코바늘 2호 사용

DMC
콜도넷 스페셜 #20
레이스 코바늘 4호 사용

올림푸스
금표 30번 레이스 실
레이스 코바늘 4호 사용

DARUMA
레이스 실 #40
레이스 코바늘 6호 사용

DARUMA
레이스 실 #40 무라사키노
레이스 코바늘 6호 사용

올림푸스
금표 40번 레이스 실
레이스 코바늘 6호 사용

DMC
콜도넷 스페셜 #40
레이스 코바늘 8호 사용

DMC
콜도넷 스페셜 #60
레이스 코바늘 10호 사용

DARUMA
레이스 실 #60
레이스 코바늘 8호 사용

올림푸스
금표 70번 레이스 실
레이스 코바늘 10호 사용

DMC
콜도넷 스페셜 #80
레이스 코바늘 10호 사용

DARUMA
레이스 실 #80
레이스 코바늘 12호 사용

레이스 뜨기의 기본

코바늘 잡는 방법이나 실 거는 방법을 올바르게 알고, 실을 능숙하게 다룸으로써 더욱 아름답고 효율적으로 뜰 수 있습니다.
나만의 방식에 익숙한 사람도 이 기회에 재점검해보아요.

실 거는 방법과 코바늘 잡는 방법

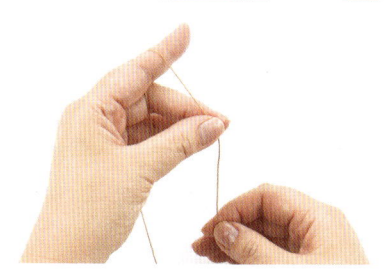

실 거는 방법 (왼손)

왼손 새끼손가락의 뒤쪽(넷째 손가락과의 사이)에서 앞쪽으로 실을 뺍니다. 새끼손가락에 한 번 감아서 올리고, 집게손가락과 가운뎃손가락 사이로 통과시켜 집게손가락에 실을 걸어줍니다. 실꼬리를 엄지손가락과 가운뎃손가락으로 집듯이 잡고, 집게손가락을 세워 실을 팽팽하게 텐션을 유지한 채 뜹니다.

코바늘 잡는 방법(오른손)

오른손의 엄지손가락과 집게손가락으로 코바늘을 가볍게 쥐고 가운뎃손가락으로 받칩니다. 가운뎃손가락은 움직이면서 코바늘과 뜨개코를 눌러서 정확하게 뜨기 위해 돕는 역할을 합니다.

뜨개코의 기본 '사슬뜨기'

사슬뜨기는 뜨개코를 뜨는 바탕(기초코)이 되고, 평면뜨기(P.46)일 때 기초 사슬은 다음 단에 코를 뜨면서 당겨지므로 코바늘의 호수로 조정합니다. (※보통 표기하지 않으므로 스스로 판단합니다.)

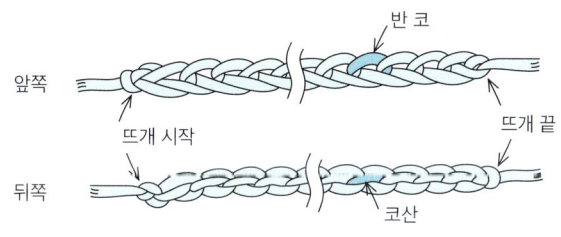

앞쪽 / 뜨개 시작 / 반 코 / 뜨개 끝 / 뒤쪽 / 코산

무늬뜨기		사슬 기초코의 코바늘 호수 (대략적인 기준)
짧은뜨기	┼┼┼┼┼┼┼┼┼┼	무늬뜨기보다 2단계 굵은 코바늘
한길 긴뜨기	┬┬┬┬┬┬┬┬┬┬	무늬뜨기보다 1단계 굵은 코바늘
모눈뜨기		무늬뜨기와 같은 호수의 코바늘

뜨개 기호와 기둥코 사슬

단의 뜨개 시작 코를 기둥코라고 하고, 다음 단에 필요한 뜨개코의 높이만큼 사슬뜨기로 뜹니다. 기둥코 사슬은 짧은뜨기를 제외하고 1코로 셉니다.

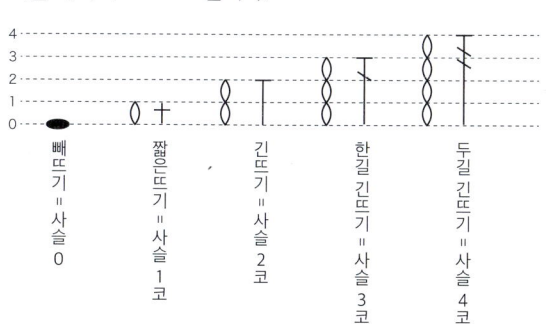

빼뜨기 = 사슬 0 / 짧은뜨기 = 사슬 1코 / 긴뜨기 = 사슬 2코 / 한길 긴뜨기 = 사슬 3코 / 두길 긴뜨기 = 사슬 4코

뜨개코의 이름

뜨는 방법 설명에 뜨개코 부위의 이름이 나오기도 합니다. 한길 긴뜨기를 예로 들어 설명합니다.

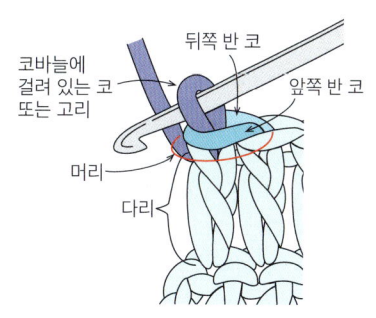

코바늘에 걸려 있는 코 또는 고리 / 뒤쪽 반 코 / 앞쪽 반 코 / 머리 / 다리

P.4 ⬦⬦⬦ 꽃 도일리

[재료와 도구]

올림푸스 에미 그란데 '컬러스' 에크뤼(804)

10g

레이스 코바늘 0호

[완성 크기]

지름 15㎝

[뜨개 포인트]

step1 뜨개 시작의 기초코 만들기 ▶ P.23

사슬 6코로 원형 기초코를 만듭니다.

step2 기호 도안을 따라 뜨기 ▶ P.24

뜨개기호를 반시계 방향으로 따라가며 뜨개를 진행합니다.

step3 실 정리하기 ▶ P.28

돗바늘을 사용하여 실꼬리를 정리합니다.

step4 마무리하기 ▶ P.28

스팀 다림질로 마무리합니다. 풀을 먹이면 빳빳해집니다.

뜨개 도안·기호 도안 보는 방법

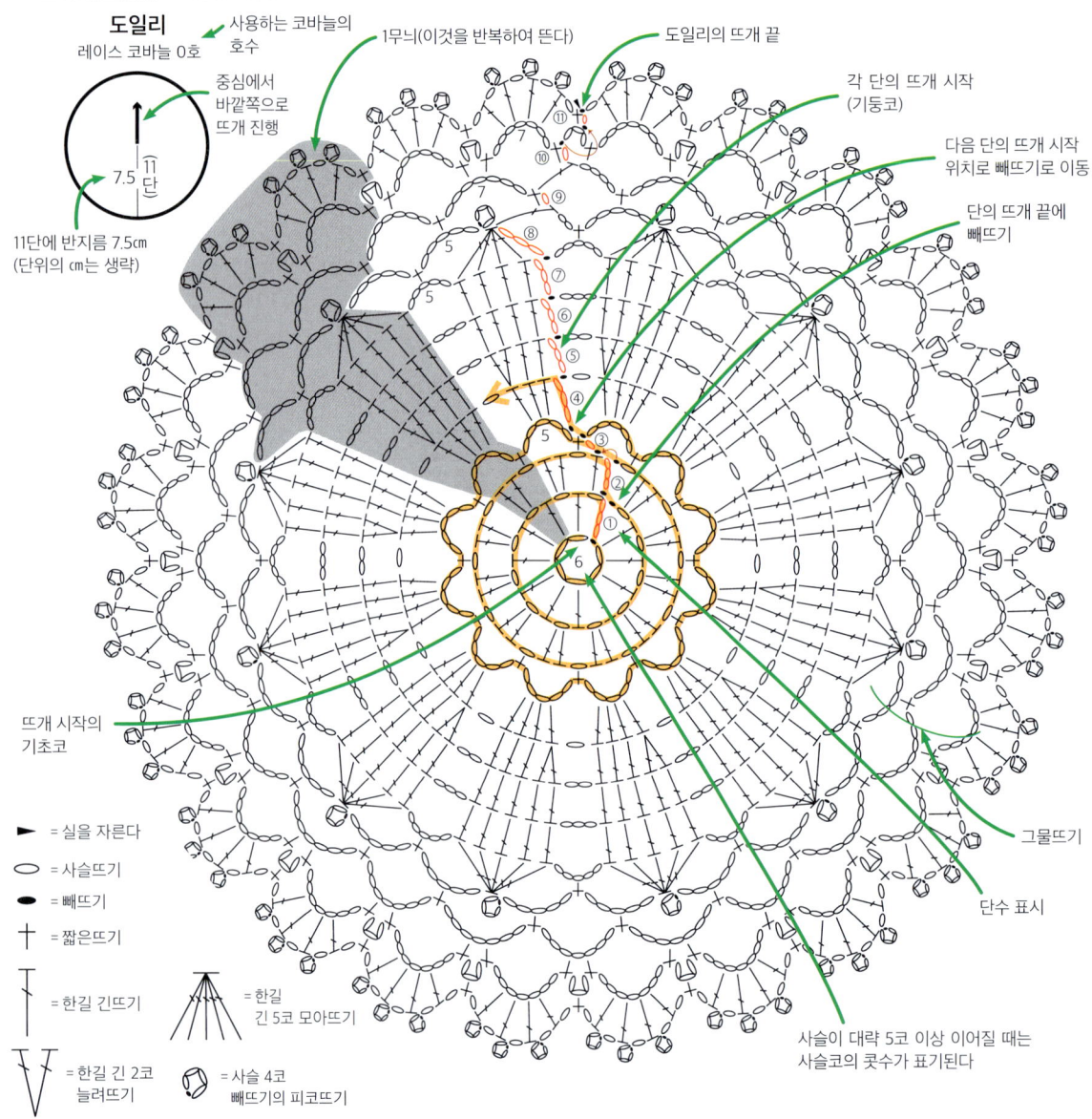

도일리
레이스 코바늘 0호

사용하는 코바늘의 호수

중심에서 바깥쪽으로 뜨개 진행

7.5 (11단)

11단에 반지름 7.5㎝ (단위의 ㎝는 생략)

1무늬(이것을 반복하여 뜬다)

도일리의 뜨개 끝

각 단의 뜨개 시작 (기둥코)

다음 단의 뜨개 시작 위치로 빼뜨기로 이동

단의 뜨개 끝에 빼뜨기

뜨개 시작의 기초코

그물뜨기

단수 표시

▶ = 실을 자른다

◯ = 사슬뜨기

● = 빼뜨기

╈ = 짧은뜨기

╤ = 한길 긴뜨기

╤╤ = 한길 긴 5코 모아뜨기

Ｖ = 한길 긴 2코 늘려뜨기

⬡ = 사슬 4코 빼뜨기의 피코뜨기

사슬이 대략 5코 이상 이어질 때는 사슬코의 콧수가 표기된다

22

먼저 뜨개 시작의 '기초코'를 만듭니다.
'기초코'는 뜨개코를 뜨는 바탕을 말합니다.
여기서는 사슬뜨기를 원으로 만드는 방법의 기초코를 사용합니다.

● 사슬뜨기(첫 코 만드는 방법)

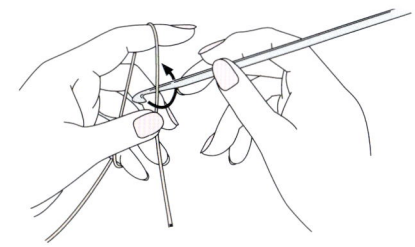 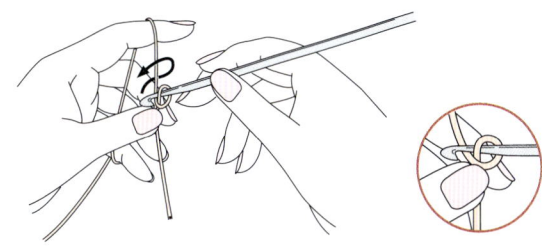

1 코바늘을 실 뒤쪽에 대고 화살표와 같이 1번 회전시키면서 코바늘에 실을 감습니다.

2 감아서 만든 고리 밑쪽을 엄지손가락과 가운뎃손가락으로 잡고, 코바늘을 실의 앞쪽에 대고 화살표와 같이 코바늘을 움직여서 실을 겁니다.

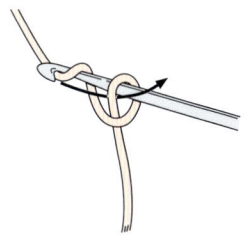 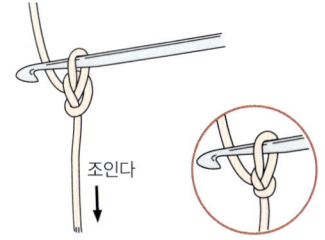 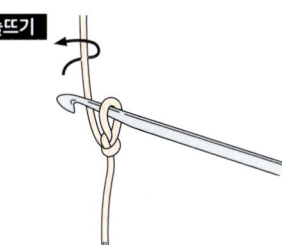

3 실은 코바늘 뒤쪽에서 앞쪽으로 감아 코바늘 끝에 겁니다. 화살표와 같이 고리 안으로 실을 당겨 뺍니다.

4 실꼬리를 당겨서 조입니다. 첫 코의 완성. 작게 조인 이 코는 코로 세지 않습니다.

5 코바늘을 실의 앞쪽에 대고 화살표와 같이 움직여서 코바늘 끝에 실을 겁니다.

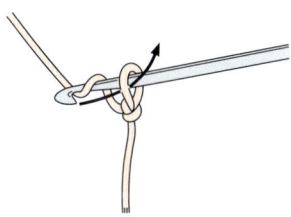 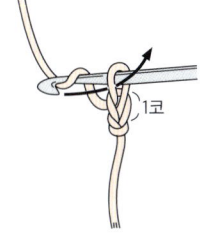 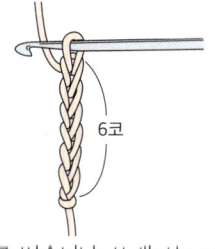

6 코바늘에 걸려 있는 코 안으로 실을 뺍니다. 이 동작을 반복하면 사슬뜨기가 됩니다.

7 코바늘에 걸려 있는 코 아래에 사슬이 1코 떠졌습니다. 이것이 사슬뜨기의 첫 번째 1코입니다. 이어서 다음 코를 뜹니다.

8 6코를 떴습니다. 뜨개코는 코바늘에 걸려 있는 코는 세지 않으므로, 코바늘에 걸려 있는 코 아래의 코부터 셉니다.

● 사슬로 원 만들기

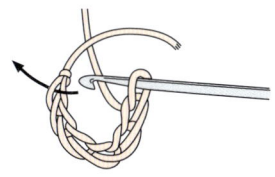 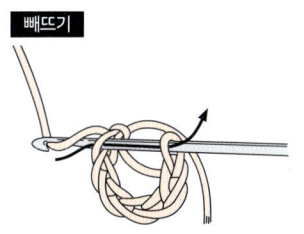 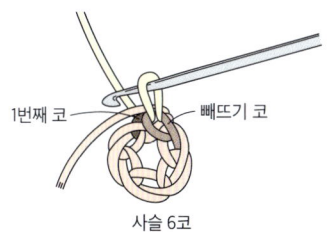

9 실꼬리를 오른쪽으로 돌려서 원 모양으로 만들고, 화살표와 같이 1번째 사슬의 바깥쪽 반 코의 실 1가닥을 줍듯이 코바늘을 넣습니다.

10 실꼬리를 오른쪽에 둔 채로 코바늘에 실을 걸어서 뺍니다. 이것이 빼뜨기 코가 됩니다.

11 실꼬리를 진행 방향(반시계 방향이므로 왼쪽)에 두고, 1단에서 실꼬리를 함께 감싸면서 뜹니다.

step2 기호 도안을 따라 뜨기

P.22의 기호 도안을 보면서 뜨개 기호를 반시계 방향으로 따라가며 뜹니다. 단을 시작할 때는 '기둥코' 사슬(P.21)을 뜹니다.

● 1단 … 한길 긴뜨기와 사슬뜨기를 1코씩 반복하여 뜹니다.

※알아보기 쉽게 작품과 실의 색상을 바꾸어서 떴습니다.

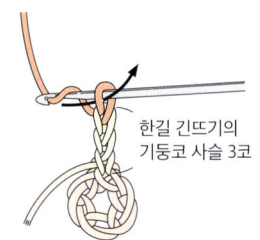

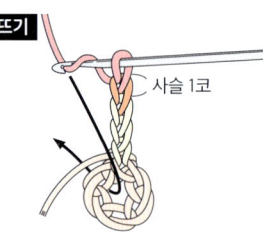

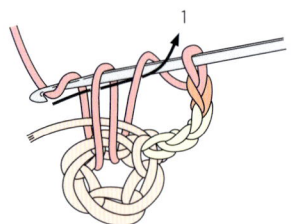

1 한길 긴뜨기의 기둥코로 사슬 3 코를 뜨고(한길 긴뜨기 1코 분량) 이어서 사슬 1코를 뜹니다.

2 코바늘에 실을 걸고, 앞쪽에서 원 안으로 코바늘을 넣고 실을 걸어 서 뺍니다.

3 다시 한번 실을 걸어 코바늘 끝에 걸린 고리 2개에만 실을 통과시 켜 뺍니다.

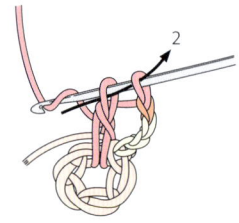

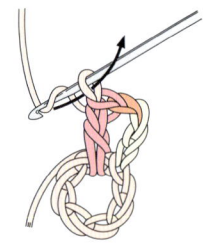

4 이 상태를 '미완성 한길 긴뜨기' 라고 합니다. 다시 실을 걸고, 남 은 고리 2개를 한 번에 뺍니다.

5 한길 긴뜨기 1코를 떴습니다. 사 슬뜨기를 뜹니다. 한길 긴뜨기 1코 와 사슬 1코를 반복해서 뜹니다.

6 기둥코 사슬 3번째 코의 실 2가 닥에 코바늘을 넣고, 코바늘 끝에 실을 걸어서 뺍니다. (※)

● 빼뜨기로 이동하기 … 다음 단의 무늬를 뜨기 위해 기둥코 위치를 조정합니다.

7 1단을 떴습니다.

8 1단의 기둥코와 한길 긴뜨기 사 이의 사슬코 아래의 공간에 코바 늘을 넣고 빼뜨기를 합니다.

9 1단의 기둥코와 한길 긴뜨기 사 이로 코가 이동했습니다. 여기가 2단의 기둥코 위치가 됩니다.

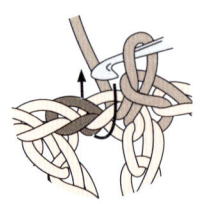

● 2단 … 한길 긴뜨기 2코와 사슬 1코를 반복하여 뜹니다.

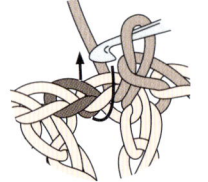

POINT

뜨개코가 아닌 공간 전체에 코 바늘을 넣어 코를 줍는 것을 '다 발로 줍는다'라고 합니다.

10 사슬 3코 기둥코를 세우고, 코바 늘에 실을 걸어 전단 사슬을 다발 로 주워 한길 긴뜨기를 뜹니다.

11 이어서 사슬 1코를 뜹니다.

12 '전단의 사슬을 다발로 주워 한 길 긴뜨기 2코를 뜨고, 사슬 1코 뜨기'를 반복하여 뜹니다.

13 마지막으로 사슬 1코를 뜨고, 기둥코 사슬 3번째 코에 빼뜨기합니다.

14 전단의 한길 긴뜨기 머리의 실 2가닥을 주워 빼뜨기를 해서 기둥코 위치를 옮깁니다.

● **3단** ··· 짧은뜨기 1코와 사슬 5코를 반복하여 뜹니다.

15 사슬 1코로 기둥코를 세우고, 전단의 사슬을 다발로 줍습니다.

짧은뜨기

16 코바늘 끝에 실을 걸고 앞쪽으로 뺍니다.

17 다시 한번 코바늘 끝에 실을 걸고, 코바늘에 걸려 있는 고리 2개를 한 번에 뺍니다.

18 짧은뜨기를 1코 떴습니다. 이어서 '사슬 5코 뜨기, 짧은뜨기 1코 뜨기'를 반복합니다.

19 뜨개 끝은 사슬 5코를 뜨고 1번째 짧은뜨기 코의 머리에 빼뜨기합니다.

20 이어서 3단의 사슬 1번째 코의 바깥쪽 실 1가닥을 주워 코바늘을 넣고 빼뜨기를 합니다.

● **4단** ··· 한길 긴뜨기 4코와 사슬 1코를 반복하여 뜹니다.

21 사슬 3코로 기둥코를 세우고, 전단의 사슬 고리를 다발로 주워 한길 긴뜨기를 뜹니다.

22 한길 긴뜨기 3코(기둥코를 포함하여 4코)를 떴습니다. 이어서 사슬 1코를 뜹니다.

23 반복하여 뜨고, 마지막에 사슬 1코를 뜬 다음 기둥코 사슬의 3번째 코에 빼뜨기합니다.

● **5단** ··· 한길 긴뜨기 5코와 사슬 2코를 반복하여 뜹니다.

한길 긴 2코 늘려뜨기

24 사슬 3코로 기둥코를 세우고, 전단의 한길 긴뜨기 머리의 2가닥을 주워 한길 긴뜨기를 뜹니다.

25 전단의 한길 긴뜨기 왼쪽 끝 코에는 한길 긴뜨기 1코를 뜬 다음, 같은 곳에 다시 1코를 뜹니다.

26 이어서 사슬을 뜹니다. 7단까지 한길 긴뜨기 5코와 사슬을 뜹니다.

● **8단** ··· 한길 긴뜨기 5코를 모아떠서 한길 긴뜨기의 콧수를 줄입니다.

한길 긴 5코 모아뜨기

27 사슬 3코로 기둥코를 세우고 '미완성의 한길 긴뜨기'(P.24 '4')를 뜹니다.

28 같은 요령으로 미완성의 한길 긴뜨기 4코를 뜨고(기둥코를 포함하여 5코), 코바늘 끝에 실을 걸어 코바늘에 걸려 있는 고리를 한 번에 뺍니다. '한길 긴 5코 모아뜨기'를 떴습니다.

사슬 4코 빼뜨기의 피코뜨기

29 이어서 사슬 4코를 뜨고, 한길 긴 5코 모아뜨기의 머리 실 1가닥과 전체 다리의 실을 코바늘에 겁니다.

30 코바늘 끝에 실을 걸어서 뺍니다. 사슬 4코 빼뜨기의 피코뜨기가 완성되었습니다.

그물뜨기의 뜨개 끝

31 이어서 사슬 5코, 짧은뜨기 1코, 사슬 5코를 뜨고 한길 긴 5코 모아뜨기를 뜹니다.

32 사슬 2코를 뜬 다음, 단 시작의 한길 긴 5코 모아뜨기의 머리를 주워 한길 긴뜨기를 뜹니다.

33 기둥코 위치를 조정하기 위해, 단의 마지막 사슬은 한길 긴뜨기 등으로 바꾸어 뜨기도 합니다.

● 9단 ··· 짧은뜨기 1코와 사슬 7코의 그물뜨기로 뜹니다.

34 이어서 기둥코로 사슬 1코를 뜨고 33의 한길 긴뜨기를 다발로 주워 짧은뜨기를 뜹니다.

35 이어서 사슬 7코를 뜨고, 전단의 사슬을 다발로 주워 짧은뜨기를 뜹니다.

36 사슬 4코를 뜨고, 32와 같은 요령으로 1번째 짧은뜨기의 머리를 주워 한길 긴뜨기를 뜹니다.

● 10단 ··· '사슬 7코, 짧은뜨기 1코, 사슬 3코, 짧은뜨기 1코'로 뜹니다.

사슬 3코의 피코뜨기

37 34처럼 뜨개를 시작하고, '사슬 7코, 짧은뜨기 1코, 사슬 3코, 짧은뜨기 1코'를 뜹니다.

38 사슬 3코의 피코뜨기 완성.

39 같은 요령으로 뜨고, 뜨개 끝은 사슬 3코를 뜬 다음, 1번째 짧은뜨기의 머리에 빼뜨기합니다.

빼뜨기로 이동하기

40 기둥코 위치를 옮기기 위해 10단의 마지막 사슬 3코의 고리를 다발로 줍습니다.

41 코바늘 끝에 실을 걸어 뺍니다.

42 빼뜨기한 모습.

● 11단 ··· '짧은뜨기 1코, 사슬 1코, 한길 긴뜨기 1코, 사슬 4코 빼뜨기의 피코뜨기, 사슬 1코~'로 무늬를 뜹니다.

43 기호 도안을 따라서 뜨고, 뜨개 끝은 1번째 짧은뜨기의 머리에 코바늘을 넣고 빼뜨기합니다.

44 빼뜨기한 다음, 마지막으로 다시 한번 실을 걸어서 뺍니다.

45 실꼬리를 10㎝ 정도 남겨서 자르고, 그대로 실을 끝까지 당겨 뜨개를 끝냅니다.

〈 step3 실 정리하기 〉

1 뜨개가 끝난 상태. 이제부터 실 꼬리 정리와 마무리를 합니다. 먼저 실꼬리를 돗바늘에 끼웁니다.

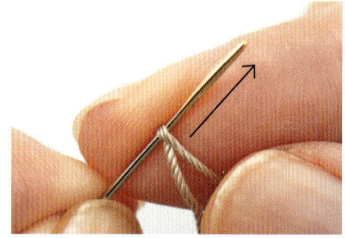

2 실꼬리를 돗바늘에 두르듯이 걸어서 접고, 접힌 실을 밀어서 뺍니다.

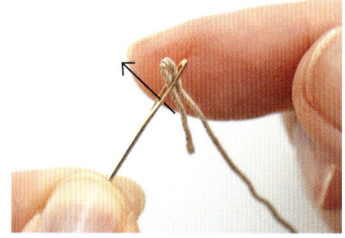

3 얇게 접힌 부분을 바늘구멍으로 넣습니다. 바늘구멍에 넣었으면 접힌 부분을 반대쪽에서 당겨 뺍니다.

4 뜨개바탕을 뒤집고, 실꼬리를 끼운 돗바늘을 뜨개코의 뒤쪽으로 표 나지 않게 통과시킵니다.

5 3~4㎝ 정도 실을 통과시키고, 실을 바짝 자릅니다.

6 뜨개 시작 부분은 처음에 실을 감싸서 떴으므로, 이 상태에서 실꼬리를 바짝 자릅니다.

〈 step4 마무리하기 〉

1 작품의 뒷면에 스프레이 풀을 뿌리고 가볍게 문질러서 충분히 스며들게 합니다.

2 뜨개코가 줄어들지 않게 손끝으로 잘 폅니다.

3 다리미판 위에 가이드 시트를 깔고 그 위에 작품을 올린 다음, 먼저 중심 4군데에 수직으로 핀을 꽂습니다.

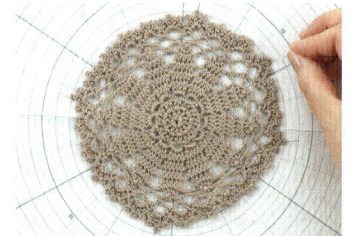

4 바깥 둘레에는 다리미판을 기준으로 30~45° 각도의 대각선으로 핀을 꽂습니다.

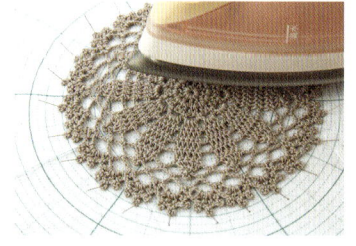

5 중심 부분의 핀을 뽑고 다리미를 살짝 띄워서 스팀을 줍니다.

6 스팀이 빠질 때까지(풀이 마를 때까지) 그대로 두고, 건조된 후 핀을 빼면 완성.

P.5 ❖❖❖ 꽃 도일리 어레인지

※b의 도안은 P.45

재료와 도구

올림푸스 에미 그란데 '컬러스'

a: 피치 블로썸(141) 10g, 오프 화이트(800) 3g

b: 페일 옐로(560)·라벤더(600)·오프 화이트(800) 각 5g

a: 시드비즈(3㎜·펄 화이트) 264개

레이스 코바늘 0호

(a: 비즈 바늘)

완성 크기

a: 지름 18㎝   b: 지름 15㎝

뜨개 포인트

• 기본적인 뜨개법은 P.22~ 참조.

a ⋯ 오프 화이트로 사슬 기초코를 만들어 1단을 뜨고, 2단 시작의 빼뜨기를 뜨면서 피치 블로썸으로 실의 색상을 바꾸어서 뜹니다.

• 3단은 마찬가지로 오프 화이트로 바꾸어 뜹니다.

• 4단부터 8단까지는 피치 블로썸으로 뜨고, 8단의 마지막 한길 긴뜨기의 마지막 고리를 뺄 때 오프 화이트로 바꾸어 9단을 뜹니다.

• 9단의 마지막 한길 긴뜨기를 뜨며 피치 블로썸으로 바꾸어서 뜹니다.

• 12단을 뜬 다음 실을 자르고, 비즈를 끼워 13단을 뜹니다.

b ⋯ P.45의 그림과 같이 색상을 바꾸면서 P.22~를 참조하여 뜹니다.

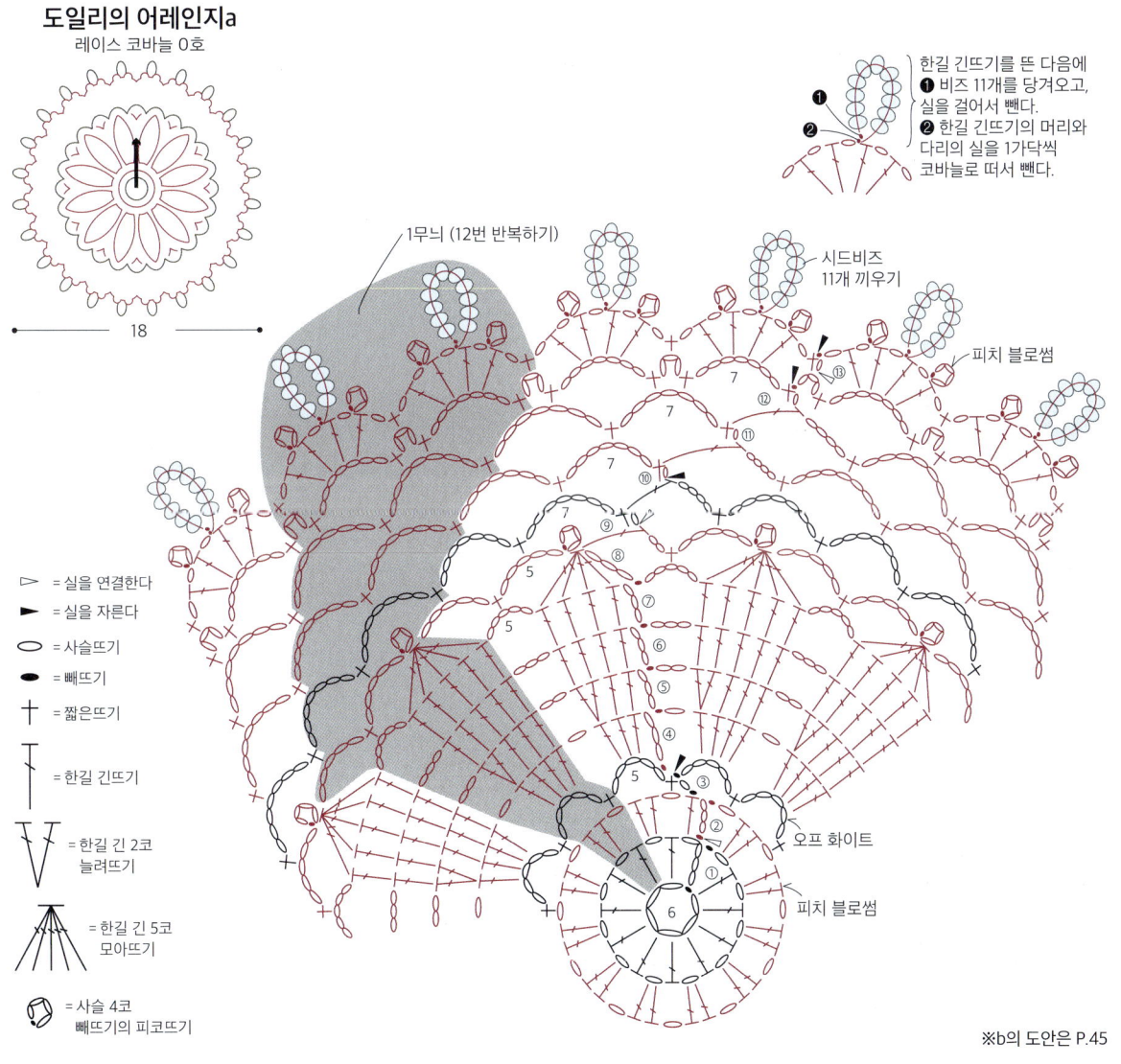

도일리의 어레인지a
레이스 코바늘 0호

한길 긴뜨기를 뜬 다음에
❶ 비즈 11개를 당겨오고, 실을 걸어서 뺀다.
❷ 한길 긴뜨기의 머리와 다리의 실을 1가닥씩 코바늘로 떠서 뺀다.

1무늬 (12번 반복하기)

시드비즈
11개 끼우기

피치 블로썸

오프 화이트

피치 블로썸

▷ = 실을 연결한다
► = 실을 자른다
◯ = 사슬뜨기
● = 빼뜨기
✝ = 짧은뜨기
= 한길 긴뜨기
= 한길 긴 2코 늘려뜨기
= 한길 긴 5코 모아뜨기
= 사슬 4코 빼뜨기의 피코뜨기

29

〈 **색상 바꾸는 방법** 〉 1단은 오프 화이트로 P.23~24와 같은 방법으로 뜨고, 기둥코 위치를 옮기는 빼뜨기를 하는 도중에 색상을 바꿉니다.

2단

1 1단의 사슬을 다발로 줍고 코바늘에 실을 건 다음, 피치 블로썸 실을 코바늘 끝에 걸어서 뺍니다.

2 색상이 바뀌었습니다.

3 다음 사슬코를 뜹니다.

4 2번째 사슬을 뜰 때 오프 화이트 실을 코바늘에 걸고 뜹니다.

5 사슬 뒤쪽에 오프 화이트 실이 걸려 있습니다.

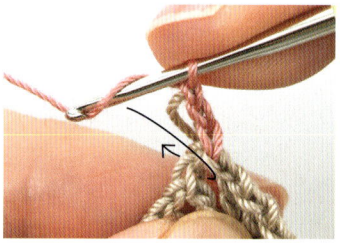

6 이어서 3번째 사슬, 그리고 한길 긴뜨기를 뜹니다.

7 한길 긴뜨기를 뜬 모습. 뒤쪽의 오프 화이트 실은 그대로 쉬어두고 다음 부분을 뜹니다.

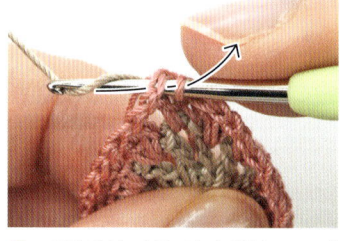

8 3단에서 다시 이전 색상으로 바꿉니다. **1**과 같은 요령으로 기둥 코 위치를 옮기는 빼뜨기에서 색상을 바꿉니다.

3단

9 오프 화이트로 바뀌었습니다. 피치 블로썸은 뒤쪽에 쉬어두고 다음 부분을 뜹니다.

10 4단도 **1**과 같은 요령으로 기둥 코 위치를 옮기는 빼뜨기에서 색상을 바꿉니다.

4단

11 색상을 바꾸었습니다.

12 오프 화이트 실은 10㎝ 정도 남겨 자르고, 피치 블로썸으로 다음 부분을 뜹니다.

〈 비즈 끼우는 방법 〉 13단을 뜨기 전에 실을 자르고, 비즈를 끼워 둡니다.

● 줄 단위 비즈일 때

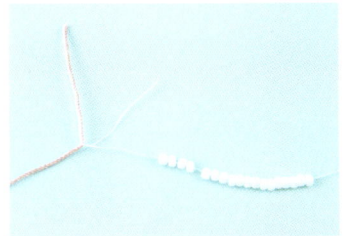

1 피치 블로썸 실꼬리에 비즈를 꿴 실을 묶습니다.

2 비즈 264개를 피치 블로썸 실로 옮깁니다. 조금 더 많이 옮겨두면 좋습니다.

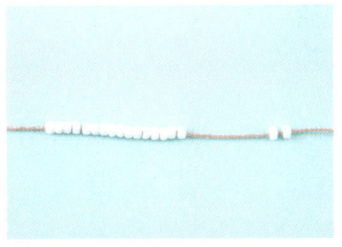

3 비즈를 이동시키면서 뜹니다.

● 낱알 비즈일 때

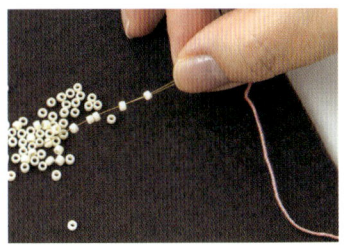

실에 꿰지 않은 비즈일 때는 비즈 바늘을 이용하여 실에 끼웁니다.

※ 비즈의 구멍이 작아 바늘로 꿰기 어려울 때는 실 끝에 접착제를 늘리듯이 묻혀 굳히고. 마른 후 끝을 사선으로 잘라서 실로 직접 비즈를 꿰니다.

〈 비즈를 넣고 뜨는 방법 〉 실에 꿰어둔 비즈를 이동시키면서 뜹니다.

1 비즈를 꿴 실을 연결합니다.

2 기호 도안을 따라서 뜨고, 비즈를 넣기 전의 한길 긴뜨기를 뜬 다음, 비즈 11개를 끌어옵니다.

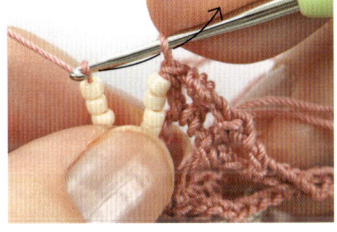

3 실을 걸고 비즈의 밑동에 빼뜨기합니다.

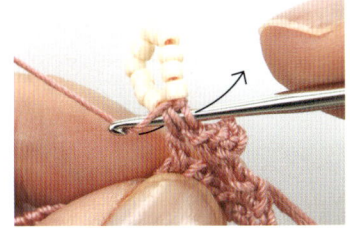

4 피코뜨기를 할 때처럼 한길 긴뜨기의 머리와 다리의 실을 코바늘로 떠서 다시 빼뜨기합니다.

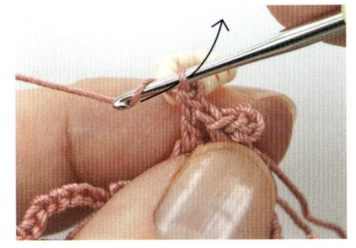

5 느슨해지지 않게 주의하며 다음 사슬을 뜹니다.

6 이어서 기호 도안을 따라 뜨개를 진행합니다.

P.6 ◇◇◇ 파인애플 무늬 도일리

재료와 도구

올림푸스 에미 그란데 프로스티 화이트(851)

16g

레이스 코바늘 0호

완성 크기

18㎝×19.5㎝

뜨개 포인트

기초코 … 사슬 5코로 원형 기초코를 만듭니다.

1단 … 사슬 3코로 기둥코를 세우고 '한길 긴 2코 구슬뜨기, 사슬 5코'를 반복하여 뜹니다. 뜨개 끝은 사슬 2코를 뜬 다음 한길 긴뜨기를 뜹니다.

2단 … 사슬 3코로 기둥코를 세우고, 이어서 사슬 3코를 뜨고 한길 긴뜨기 1코를 전단의 마지막 한길 긴뜨기(머리의 반 코와 다리 실 1가닥)에 뜹니다. 이어서 '사슬 5코, 한길 긴뜨기 1코, 사슬 3코, 한길 긴뜨기 1코'를 반복하여 뜨는데, 한길 긴뜨기는 전단의 사슬 5코의 중앙에 있는 코를 갈라서 떠넣습니다.

3단 … 빼뜨기로 이동하여 사슬 3코로 기둥코를 세우고, 한길 긴뜨기와 사슬뜨기로 뜹니다. 지정하지 않은 것은 전단의 사슬을 다발로 주워서 뜹니다.

4단 이후 … 빼뜨기로 기둥코 위치를 조정하고, 기호 도안을 따라서 뜹니다.

14단 … 육각형의 모서리에 해당하는 짧은뜨기는 12단과 13단의 사슬을 다발로 주워서 뜹니다.

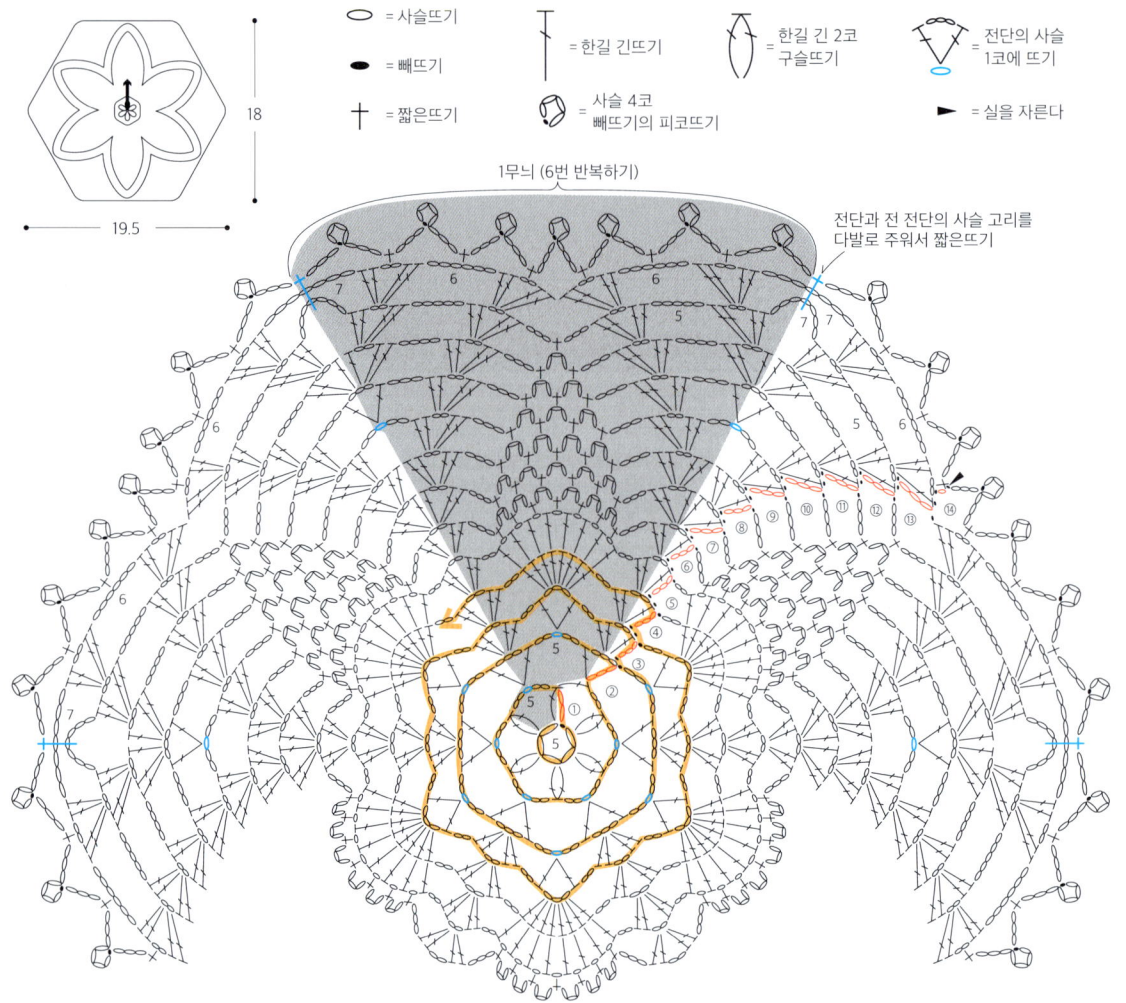

18

19.5

○ = 사슬뜨기

● = 빼뜨기

† = 짧은뜨기

= 한길 긴뜨기

= 한길 긴 2코 구슬뜨기

= 사슬 4코 빼뜨기의 피코뜨기

= 전단의 사슬 1코에 뜨기

► = 실을 자른다

1무늬 (6번 반복하기)

전단과 전 전단의 사슬 고리를 다발로 주워서 짧은뜨기

2단의 첫 번째 한길 긴뜨기 줍는 방법

1단의 마지막 한길 긴뜨기의 머리 반 코와 다리의 실 1가닥을 주워서 한길 긴뜨기를 뜹니다.

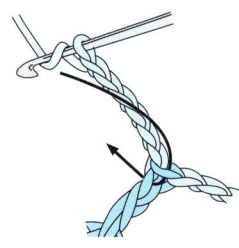

1단의 마지막 한길 긴뜨기의 머리 반 코와 다리의 실 1가닥을 주워서 한길 긴뜨기를 뜹니다.

사슬 1코에 뜨기

2단·3단·10단에 나오는 한길 긴뜨기 뜨는 방법입니다.

1 사슬 5코의 중앙에 있는 사슬코의 가로줄 2가닥을 주워서 뜹니다.

2 한길 긴뜨기 1코를 떴습니다.

3 이어서 사슬 3코를 뜨고, 같은 곳에 다시 한길 긴뜨기 1코를 떴습니다.

그물뜨기의 짧은뜨기

그물뜨기를 할 때, 사슬뜨기의 중앙을 단단히 잡고 짧은뜨기를 뜨기 위한 팁입니다.

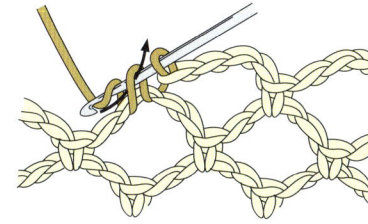

1 사슬 다발에 코바늘을 넣고 실을 당기는데, 길게 빼지 않고 코바늘에 실을 걸고 한 번에 빼는 곳을 2번으로 나누어서 뺍니다. 먼저 코바늘 끝에서 고리를 1개만 뺍니다.

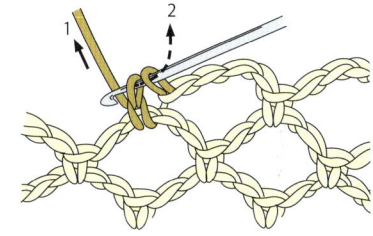

2 손가락에 걸려 있는 실을 당겨 고리를 조이고(1), 나머지 고리를 뺍니다(2). 이렇게 하면 짧은뜨기가 사슬뜨기의 중앙을 단단히 붙잡을 수 있습니다.

전단과 전 전단의 사슬 고리를 다발로 줍기

육각형의 모서리가 되는 짧은뜨기 뜨는 방법입니다.

1 14단. 12단의 사슬 아래 공간에 코바늘을 넣습니다.

2 코바늘에 실을 걸어 빼서 짧은뜨기를 뜹니다.

3 전단과 전 전단의 사슬을 다발로 주워 짧은뜨기를 떴습니다. 사슬 2줄이 감싸진 상태가 됩니다.

P.7 ◇◇◇ 오너먼트

재료와 도구
DMC 세벨리아 #20 흰색(BLANC) 각 2g
레이스 코바늘 8호

완성 크기
그림 참조.

뜨개 포인트
공통 ⋯ 사슬로 원형 기초코를 만들어 뜨개를 시작하고, 그림을 참조하여 각각 뜹니다.

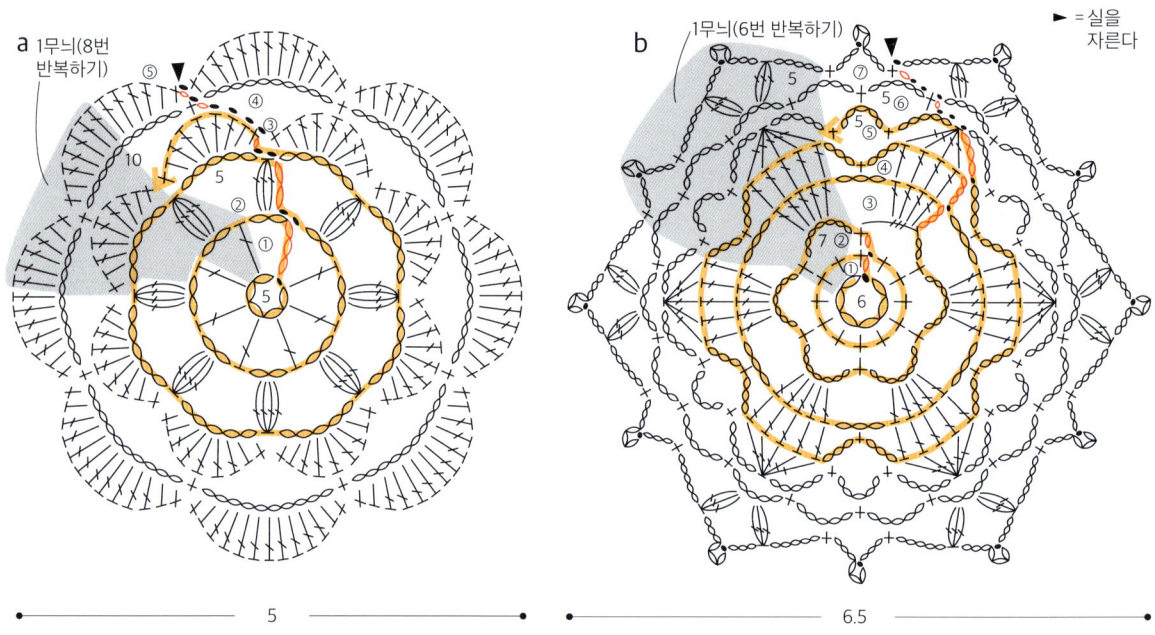

a 1무늬(8번 반복하기)

b 1무늬(6번 반복하기)

► = 실을 자른다

5

6.5

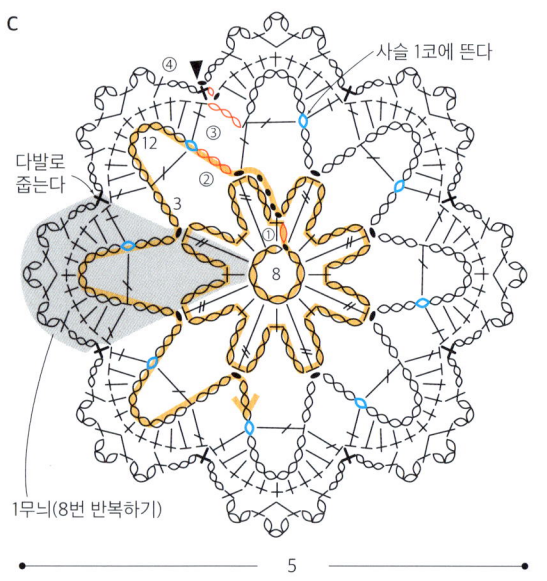

c

사슬 1코에 뜬다

다발로 줍는다

1무늬(8번 반복하기)

5

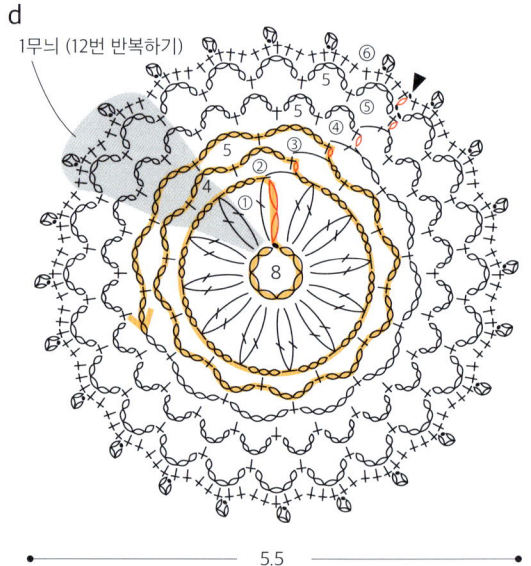

d 1무늬 (12번 반복하기)

5.5

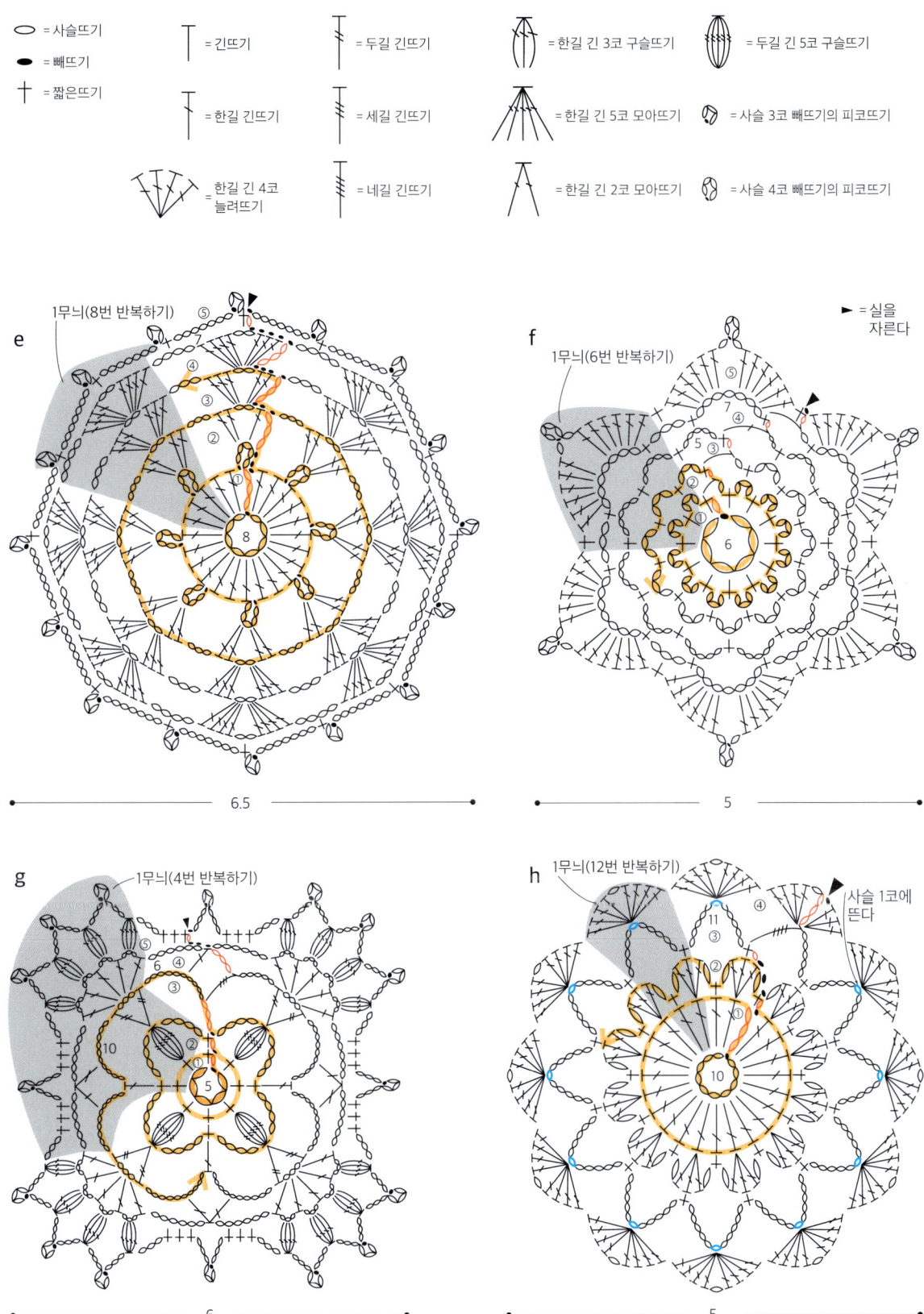

재료와 도구

올림푸스 에미 그란데 '컬러스'
아이보리 베이지(732) 10g
레이스 코바늘 0호

완성 크기

14㎝×14㎝

뜨개 포인트

기초코 … 사슬 6코로 원형 기초코를 만듭니다.

1단 … 사슬 1코로 기둥코를 세우고 '짧은뜨기 1코, 사슬 3코'를 반복하여 뜹니다.

2단 … 빼뜨기로 이동하여 사슬 2코로 기둥코를 세우고 '한길 긴 3코 구슬뜨기, 사슬 5코'를 반복하여 뜹니다. 구슬뜨기는 전부 사슬을 다발로 주워서 뜹니다. 뜨개 끝은 사슬 2코를 뜬 다음 한길 긴뜨기를 합니다.

3단 … 사슬 1코로 기둥코를 세우고 '짧은뜨기 1코, 사슬 3코, 짧은뜨기 1코, 사슬 7코'를 반복하여 뜹니다. 뜨개 끝은 사슬 3코를 뜬 다음 두길 긴뜨기를 합니다.

4단 … 3단과 같은 방법으로 뜨는데, 뜨개 끝은 사슬 4코를 뜬 다음 한길 긴뜨기를 합니다.

5단 … 사슬 2코로 기둥코를 세우고, '한길 긴 3코 구슬뜨기와 사슬뜨기'를 반복하여 뜹니다.

2번째 이후의 모티브 … 5단에서 전 모티브와 짧은뜨기로 연결하면서 뜹니다.

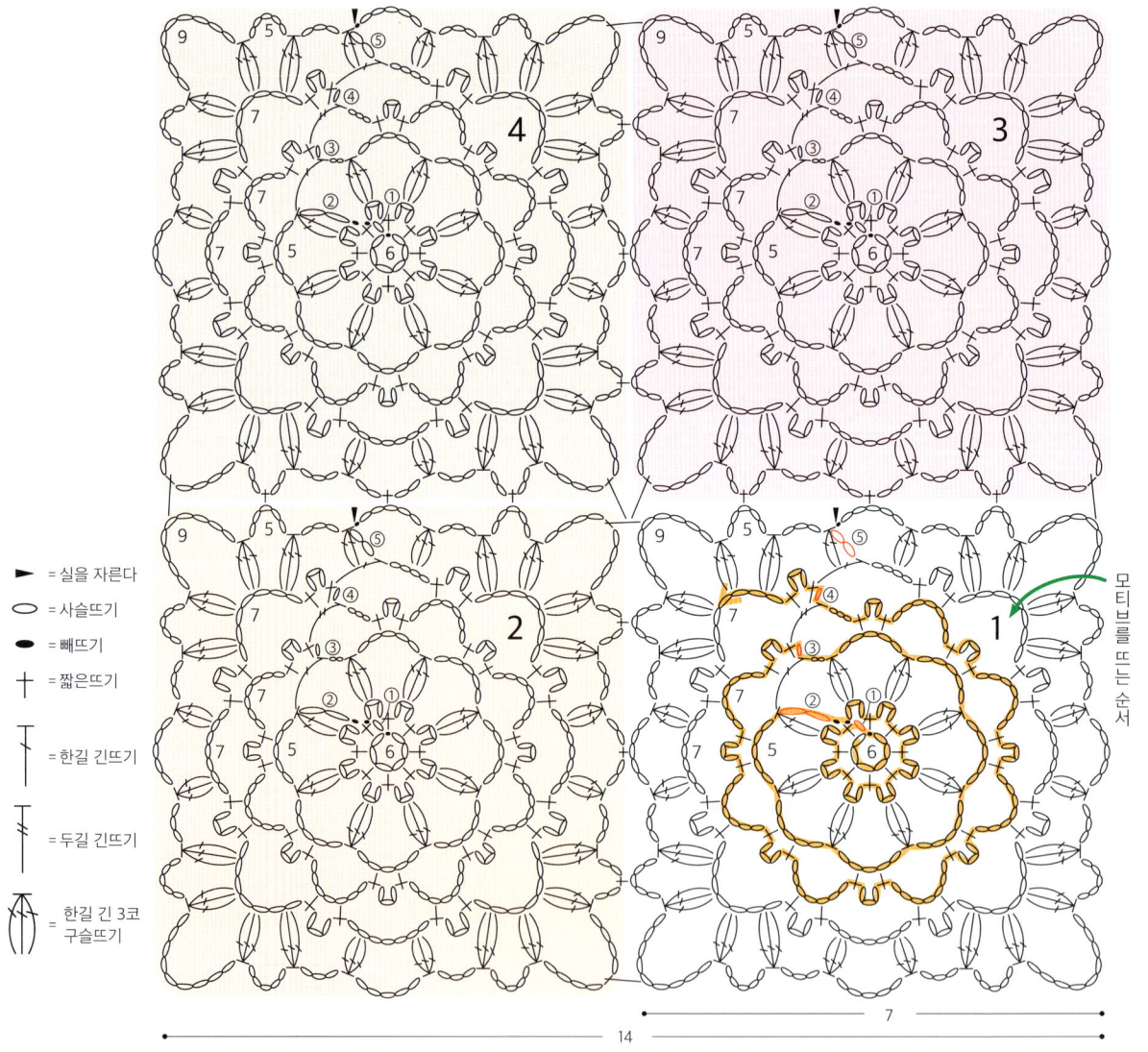

▶ = 실을 자른다
◯ = 사슬뜨기
● = 빼뜨기
十 = 짧은뜨기
= 한길 긴뜨기
= 두길 긴뜨기
= 한길 긴 3코 구슬뜨기

모티브를 뜨는 순서

모티브 연결하는 방법

〈 마지막 단의 짧은뜨기에서 4장을 연결하기 〉

2번째 모티브 이후의 마지막 단을 뜨면서 연결합니다.
3·4번째 모티브의 모서리는 2번째 모티브의
짧은뜨기 다리에 연결하는 것이 포인트입니다.

● 2번째 모티브

1 마지막 단을 뜨는 도중에 1번째 모티브의 모서리에 뒤에서 앞으로 코바늘을 넣습니다.

2 모티브 두 장을 앞면이 바깥쪽으로 나오게 겹치고, 사슬 고리를 다발로 줍습니다.

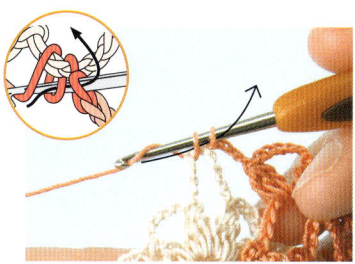

3 짧은뜨기를 합니다.

● 3번째 모티브

4 연결되었습니다. 이어서 사슬을 뜨고, 2번째 모티브의 다음 부분을 뜹니다.

5 같은 요령으로 사슬 고리를 뜨는 중간에 1번째 모티브와 짧은뜨기로 연결하면서 뜹니다.

6 마지막 단을 뜨는 도중에 1·2번째 모티브를 연결한 짧은뜨기에 짧은뜨기를 합니다.

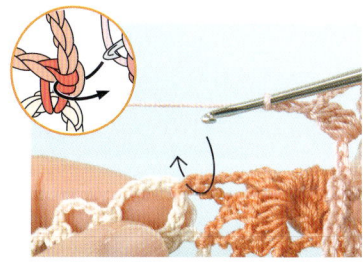

7 1·2번째 모티브를 연결한 짧은뜨기의 다리를 갈라 뒤쪽에서 코바늘을 넣습니다.

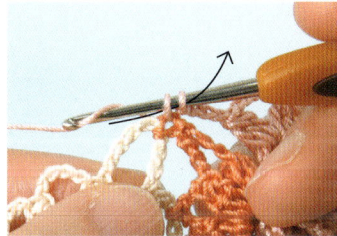

8 코바늘 끝에 실을 걸어 빼서 짧은뜨기를 합니다.

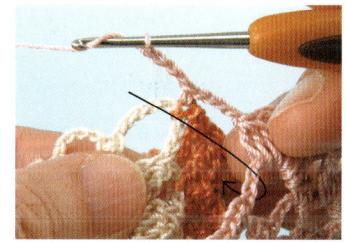

9 이어서 사슬을 뜨고, 3번째 모티브의 다음 부분을 뜹니다.

● 4번째 모티브

10 같은 요령으로 2번째 모티브와 짧은뜨기로 연결하면서 뜹니다.

11 모서리는 7과 같은 곳에 코바늘을 넣습니다.

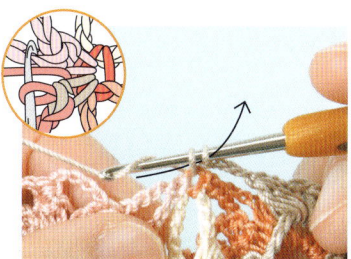

12 짧은뜨기를 합니다. 이어서 3번째 모티브와 연결하면서 뜹니다.

P.9 ◇◇◇ 모티브 연결 주머니

재료와 도구

올림푸스 에미 그란데 '컬러스'
오프 화이트(800) 20g, 페일
옐로(560) 12g
레이스 코바늘 0호

완성 크기

그림 참조.

뜨개 포인트

❶ **모티브** … P.36 모티브의 3단까지와 같은 요령으로 2단까지는 페일 옐로, 3단은 오프 화이트로 뜹니다. 2번째 모티브부터는 전 모티브와 연결하면서 뜨고(P.41 참조), 8장을 원형으로 만듭니다.

❷ **바닥** … 페일 옐로 실로 사슬 6코의 원형 기초코를 만들고, 사슬뜨기와 한길 긴뜨기를 반복하여 1단을 뜨고, 2단부터는 오프 화이트로 바꾸어 코를 늘리면서 뜹니다.

❸ **본체 아래쪽** … 바닥에 페일 옐로 실을 연결하고, 짧은뜨기와 사슬뜨기로 모티브와 연결하면서 한 단을 뜹니다.

❹ **본체 위쪽** … 모티브의 위쪽에 페일 옐로 실을 연결하고, 짧은뜨기와 사슬뜨기로 두 단을 뜹니다. 3단부터는 오프 화이트로 바꾸어 기호 도안을 따라 12단까지 뜨고, 13·14단은 페일 옐로 실로 뜹니다.

❺ **끈** … 페일 옐로 실로 사슬 150코를 뜨고, 코산을 주워 빼뜨기를 합니다. 2줄을 뜨고, 끈 끼우는 위치에 양쪽에서 각각 통과시켜 끼우고, 오프 화이트로 장식을 떠서 끈의 끝에 붙입니다.

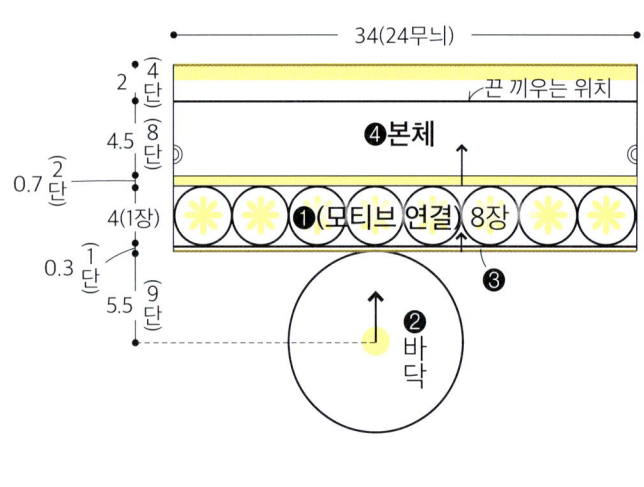

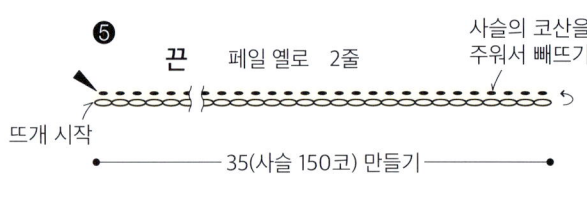

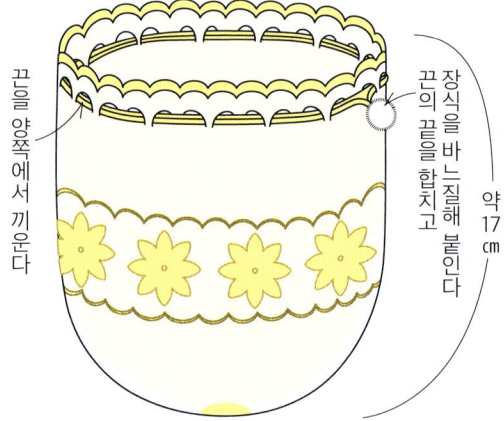

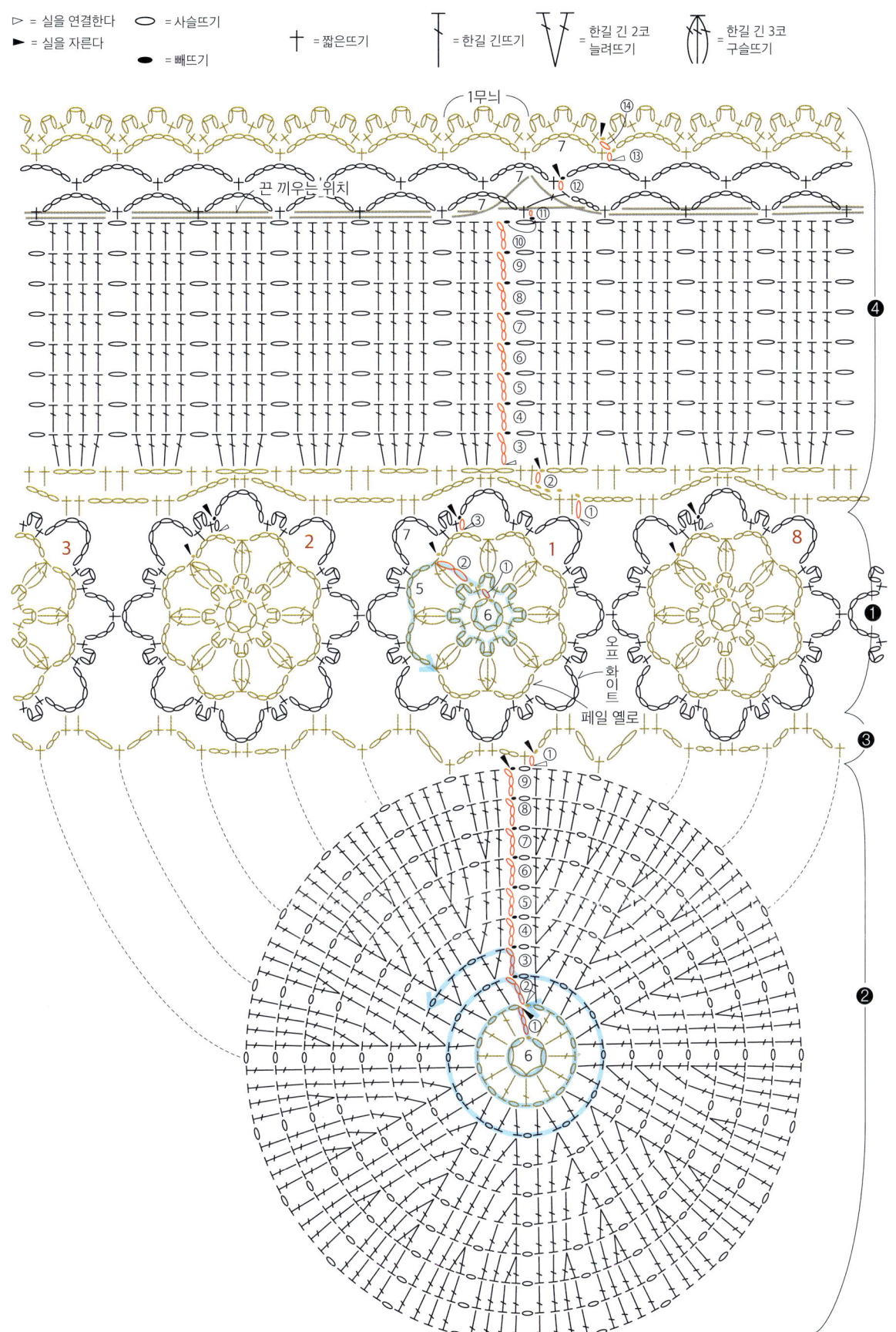

39

P.10 ◇◇◇ 원형 모티브 멀티 커버

재료와 도구

올림푸스 에미 그란데 '컬러스' 터코이즈 블
루(391) 30g, 오프 화이트(800) 20g, 비리디
언 그린(265) 5g
레이스 코바늘 0호

뜨개 포인트

모티브 ··· P.22의 3단까지와 같은 방법으로 뜹니다. 2단까지는 터코이
즈 블루나 비리디언 그린으로, 3단은 오프 화이트로 뜹니다.

모티브 연결 ··· 2번째 모티브부터는 3단에서 전 모티브와 짧은뜨기로
연결하면서 뜹니다(P.41 참조).

완성 크기

그림 참조.

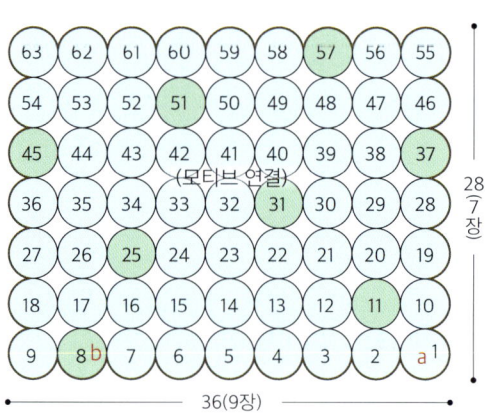

a 55장
1, 2단: 터코이즈 블루
3단: 오프 화이트

b 8장
1, 2단: 비리디언 그린
3단: 오프 화이트

28(7장)
36(9장)

모티브 뜨는 방법과 연결하는 방법

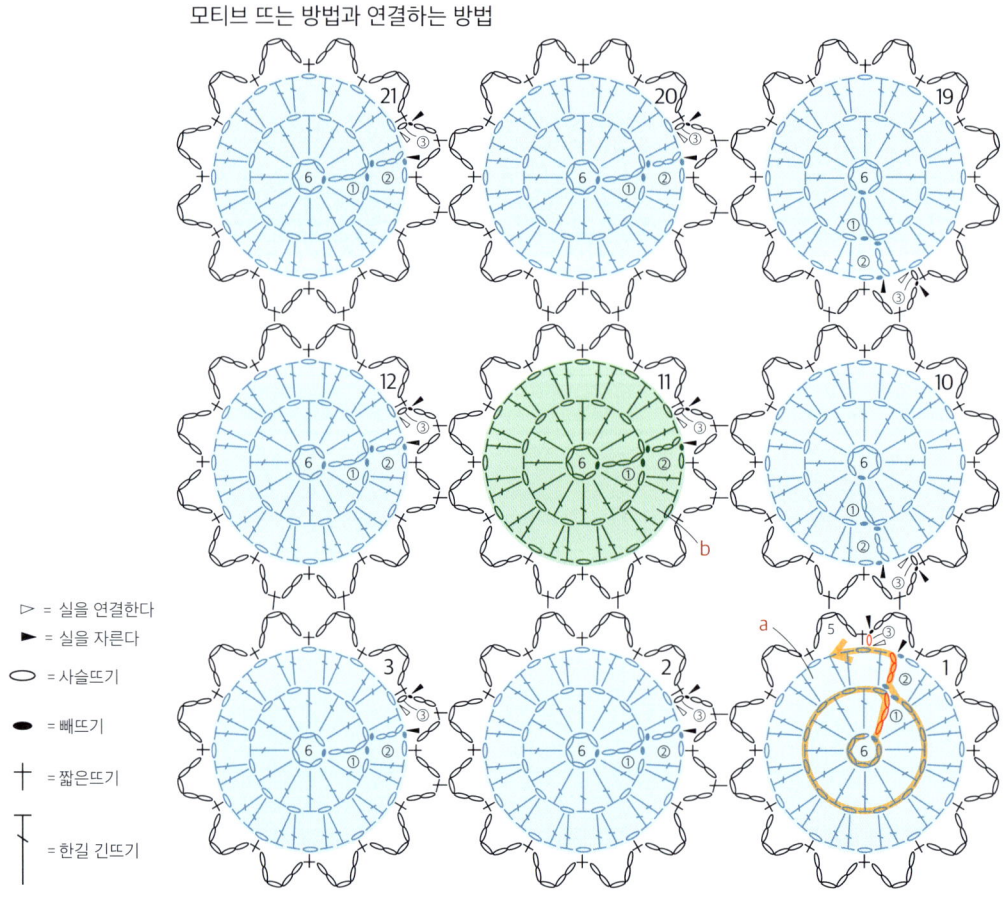

▷ = 실을 연결한다
► = 실을 자른다
⬭ = 사슬뜨기
⬬ =빼뜨기
✝ =짧은뜨기
✝ = 한길 긴뜨기

〈 마지막 단의 짧은뜨기로 연결하기 〉 P.8·9·10의 작품에 사용하는 연결 방법입니다.

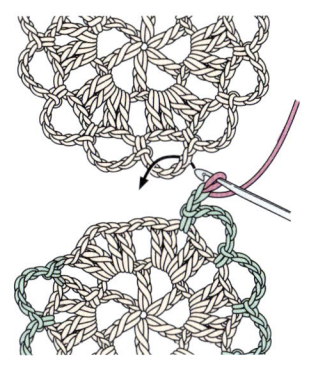

1 1번째 모티브의 뒤쪽에서 코바늘을 넣습니다.

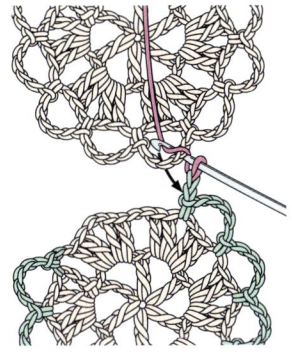

2 앞에서 코바늘에 실을 걸고 당겨서 뺍니다.

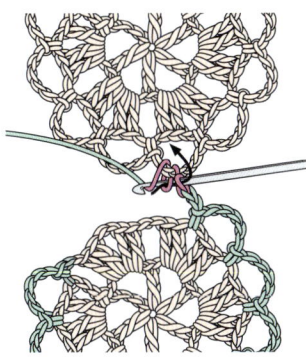

3 코바늘 끝에 실을 걸고 빼서 짧은뜨기를 합니다.

4 모티브가 연결되었습니다. 이어서 다음 부분을 뜹니다.

〈 마지막 단의 빼뜨기로 연결하기 〉 P.11의 작품에 사용하는 연결 방법입니다.

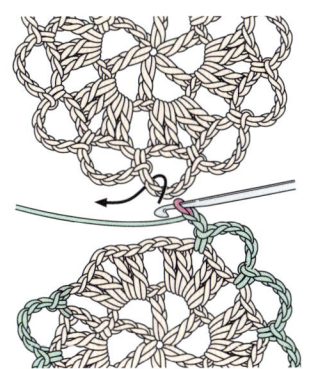

1 1번째 모티브의 앞쪽에서 코바늘을 넣습니다.

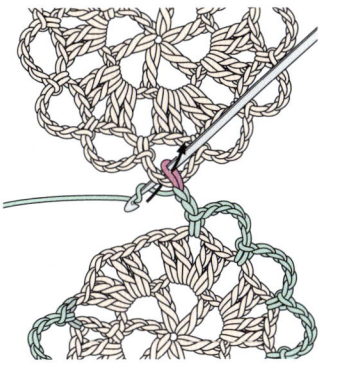

2 코바늘 끝에 실을 걸어서 뺍니다.

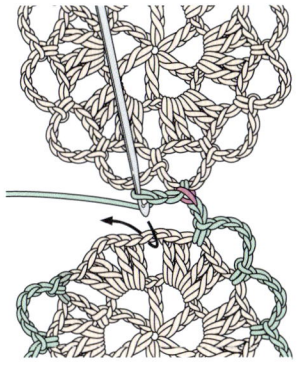

3 모티브가 연결되었습니다. 이어서 다음 부분을 뜹니다.

재료와 도구

DARUMA 레이스 실 #30 아오이 에크뤼(2)
20g
레이스 코바늘 2호

완성 크기

폭 9㎝, 길이 54㎝(목둘레 쪽·끈 제외)

뜨개 포인트

모티브 … 사슬 4코로 원형 기초코를 만들고, 1단은 짧은뜨기 8코를 합니다. 2단은 전단의 코 머리의 뒤쪽 반 코를 주워서 1코에 2코씩 짧은뜨기를 합니다. 다음은 기호 도안을 따라서 뜹니다.

모티브 연결 … 2번째 모티브 이후는 8단에서 전 모티브와 빼뜨기로 연결하면서 뜹니다(P.41 참조).

끈 … 1번째와 7번째 모티브에 끈을 떠서 붙입니다. 모티브 7단의 짧은뜨기 머리에 실을 연결하여 사슬과 짧은뜨기를 뜹니다.

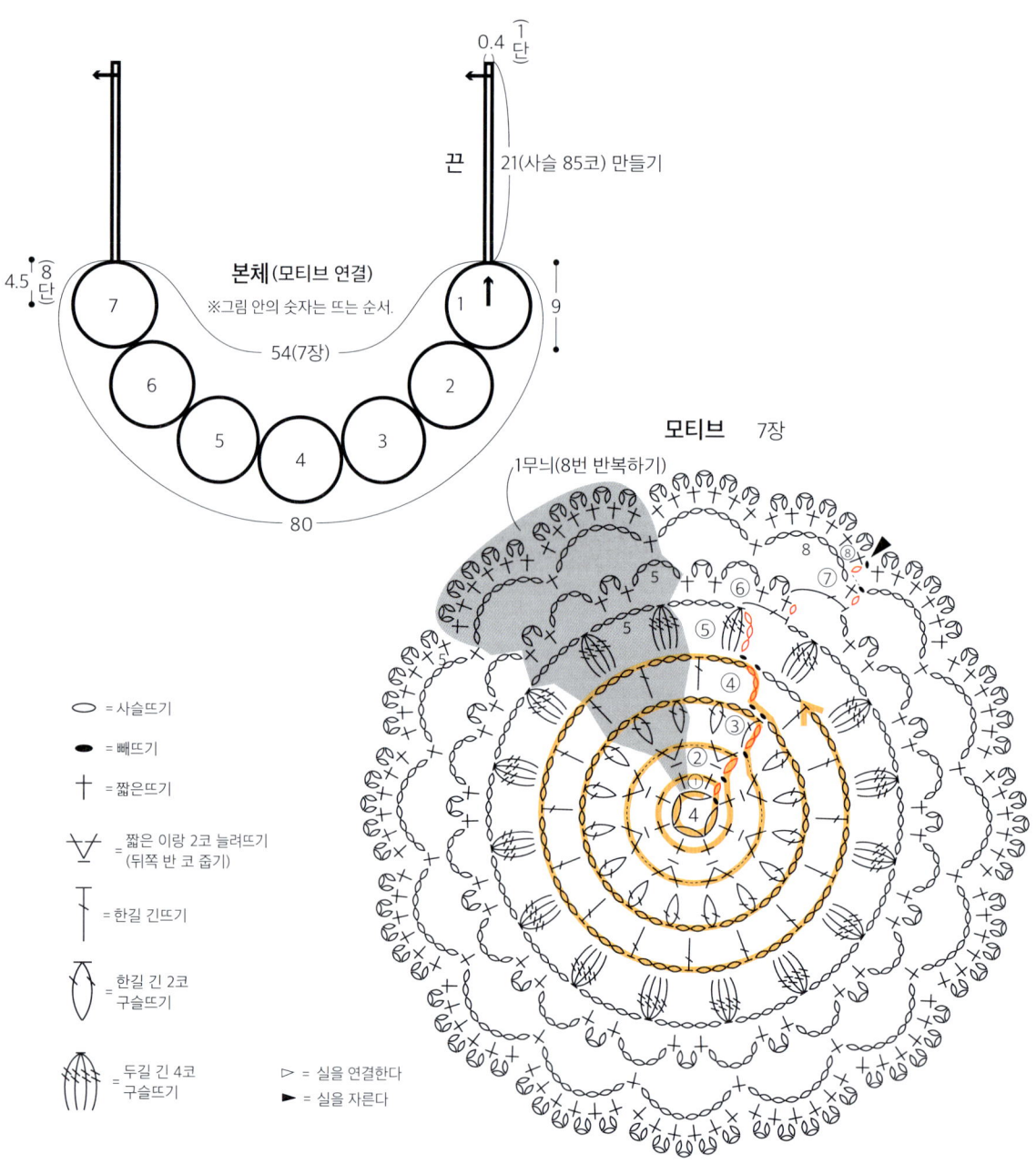

본체(모티브 연결)
※그림 안의 숫자는 뜨는 순서.
54(7장)
80

끈
0.4
1단
21(사슬 85코) 만들기
9
4.5 8단

모티브   7장
1무늬(8번 반복하기)

◯ = 사슬뜨기

● = 빼뜨기

✝ = 짧은뜨기

= 짧은 이랑 2코 늘려뜨기
(뒤쪽 반 코 줍기)

= 한길 긴뜨기

= 한길 긴 2코
구슬뜨기

= 두길 긴 4코
구슬뜨기

▷ = 실을 연결한다
► = 실을 자른다

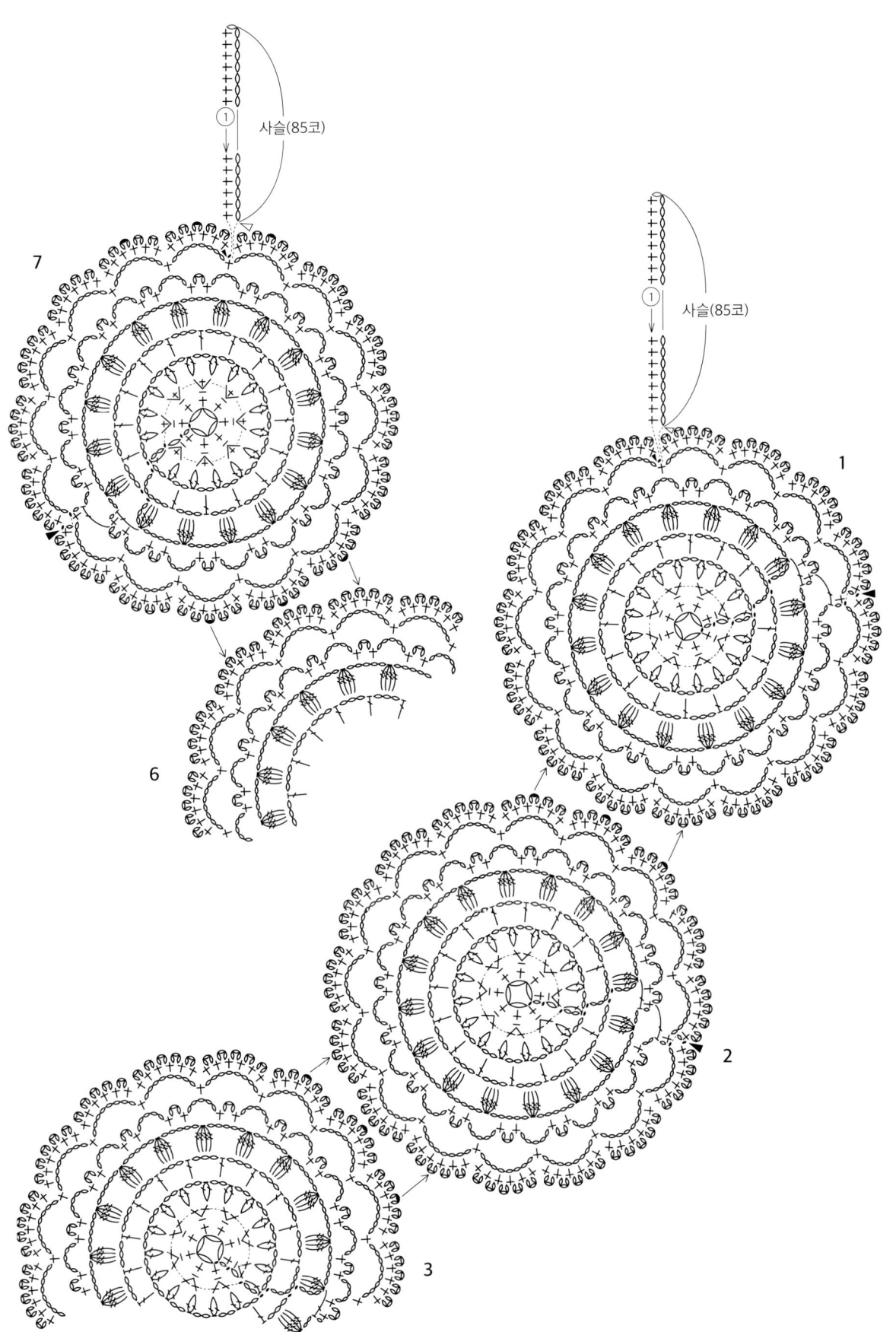

7

사슬(85코)
①

사슬(85코)
①

1

6

2

3

재료와 도구

올림푸스 에미 그란데

a: 라벤더(600)

b: 피치 블로썸(141)

각 15g

레이스 코바늘 0호

(a: 코바늘 2/0호)

완성 크기

14cm×14cm

뜨개 포인트

기초코 … 사슬 55코를 만듭니다. (a: 코바늘 2/0호, b: 레이스 코바늘 0호 사용)

1단(a) … 레이스 코바늘 0호로 바꾸어 사슬 3코로 기둥코를 세우고, 사슬의 코산을 주워서 한길 긴뜨기로 전체 코를 뜹니다. 왼쪽 끝까지 떴으면, 뜨개바탕의 오른쪽을 뒤쪽으로 돌려서 뒤집습니다.

1단(b) … 사슬 3코로 기둥코를 세우고, 이어서 사슬 2코와 한길 긴뜨기를 반복해서 뜹니다. 한길 긴뜨기는 기초코 사슬의 코산을 줍습니다. 왼쪽 끝까지 떴으면, 뜨개바탕의 오른쪽을 뒤쪽으로 돌려 뒤집습니다. (P.46 참조)

2단 이후 … 사슬 3코로 기둥코를 세우고, 한길 긴뜨기와 사슬뜨기로 뜹니다. 전단의 한길 긴뜨기의 머리를 줍는 방법은 P.46을 참조합니다. 왼쪽 끝까지 떴으면, 뜨개바탕의 오른쪽을 뒤쪽으로 돌려 뒤집습니다.

테두리뜨기 … 21단까지 다 떴으면, 사슬 1코로 기둥코를 세우고 짧은뜨기를 뜹니다. 모서리에 사슬 5코 빼뜨기의 피코뜨기를 3개 뜹니다. 짧은뜨기 3코와 사슬 3코 빼뜨기의 피코뜨기를 반복하여 뜹니다. 단에서 코를 주울 때는 '한길 긴뜨기의 다리를 다발로 줍기', '기둥코 사슬의 3번째 코 또는 한길 긴뜨기의 머리 줍기'를 조합하여 뜹니다. (P.47 참조)

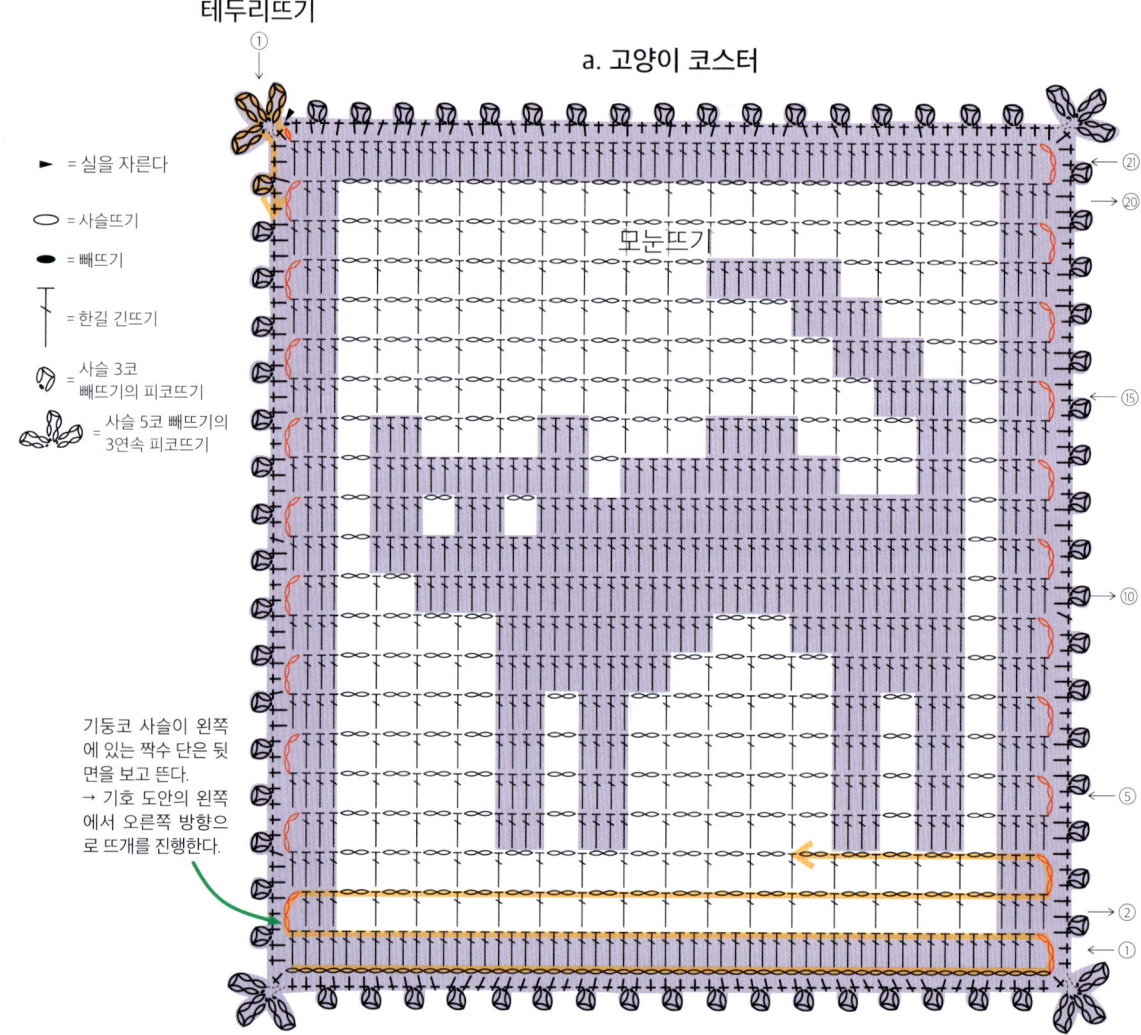

테두리뜨기

a. 고양이 코스터

모눈뜨기

► = 실을 자른다

◯ = 사슬뜨기

● = 빼뜨기

╪ = 한길 긴뜨기

= 사슬 3코 빼뜨기의 피코뜨기

= 사슬 5코 빼뜨기의 3연속 피코뜨기

기둥코 사슬이 왼쪽에 있는 짝수 단은 뒷면을 보고 뜬다.
→ 기호 도안의 왼쪽에서 오른쪽 방향으로 뜨개를 진행한다.

※P.29에서 이어짐

도일리의 어레인지b

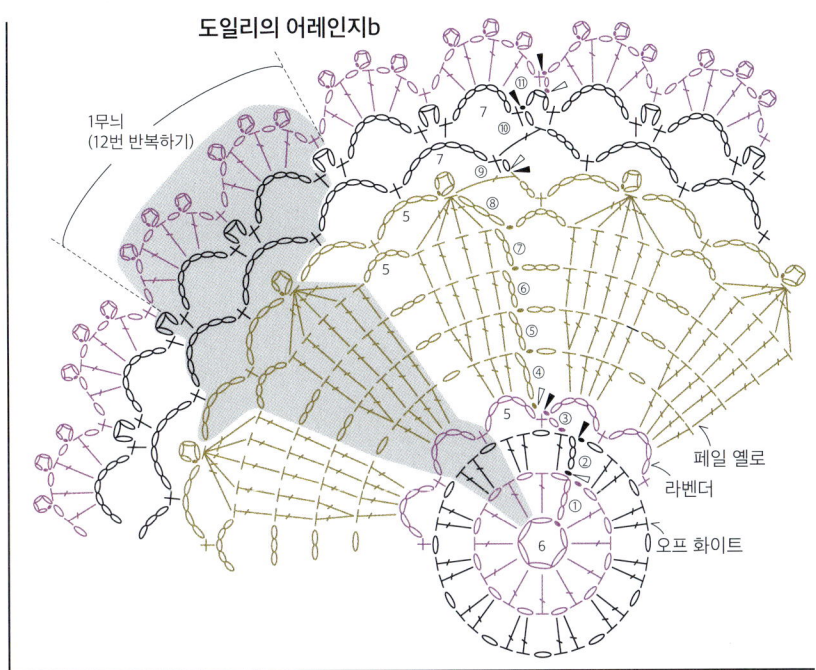

1무늬
(12번 반복하기)

페일 옐로
라벤더
오프 화이트

코스터

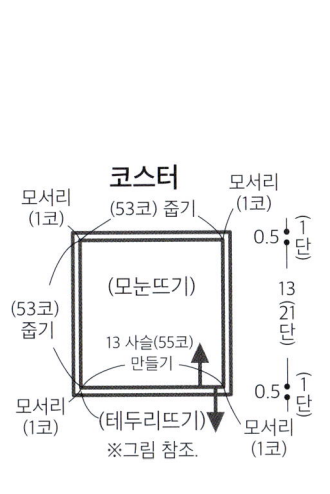

모서리
(1코)

(53코) 줄기

모서리
(1코)

0.5 { 1
      단

13 { 21
      단

(모눈뜨기)

(53코)
줄기

13 사슬(55코)
만들기

0.5 { 1
      단

모서리
(1코)

(테두리뜨기)
※그림 참조.

모서리
(1코)

테두리뜨기

① ↓

b. 토끼 코스터

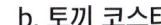

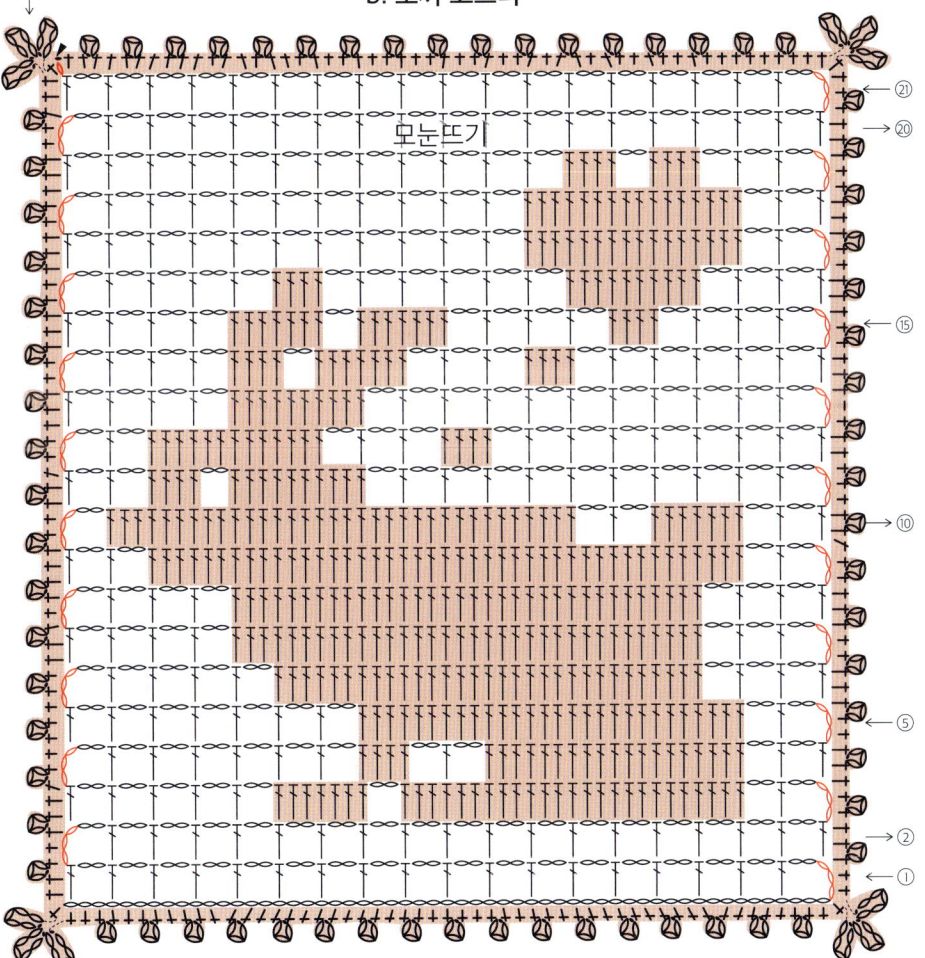

모눈뜨기

㉑
⑳

⑮

⑩

⑤

②

①

〈 왕복뜨기(평면뜨기)의 모눈뜨기 〉

단이 바뀔 때마다 뜨개바탕을 뒤집으면서 왕복하여 뜨는 방법을 왕복뜨기 또는 평면뜨기라고 합니다. 모눈뜨기는 한길 긴뜨기와 사슬뜨기로 모눈 칸을 만드는 뜨개법입니다.

1단(기초코 줍는 방법)
※작품b로 설명합니다.

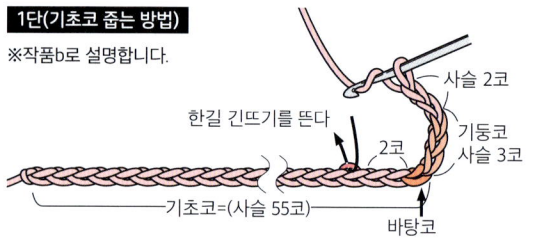

1 기초코에 이어서 기둥코 사슬 3코와 모눈의 사슬 2코를 뜹니다. 코바늘에 실을 걸고, 코바늘에 걸려 있는 코부터 세어 9번째 사슬의 코산을 주워서 한길 긴뜨기를 합니다.

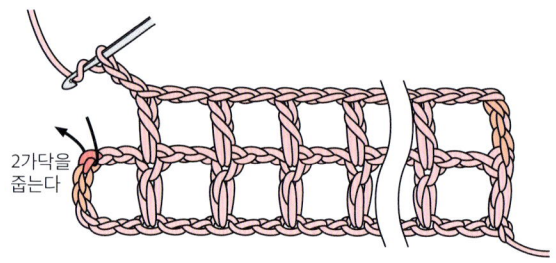

3 왼쪽 끝까지 떴으면, 뜨개바탕의 오른쪽을 뒤쪽으로 돌려 뒤집습니다.

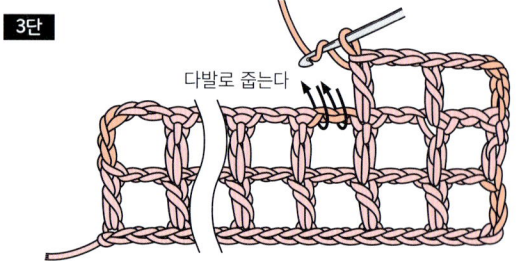

5 왼쪽 끝의 마지막은 전단의 기둥코 사슬 3번째 코의 코산과 바깥쪽 반 코의 실, 2가닥을 화살표와 같이 줍습니다(1단의 기둥코 사슬은 뒷면).

3단

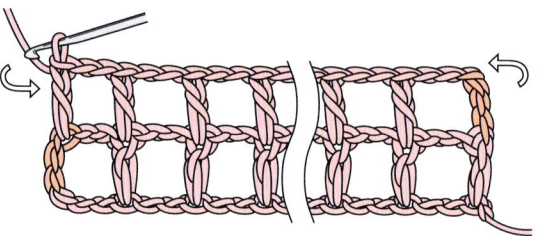

7 무늬 부분은 전단 모눈 칸의 사슬코를 다발로 주워 한길 긴뜨기 2코를 떠서, 뜨개바탕에 무늬를 만듭니다.

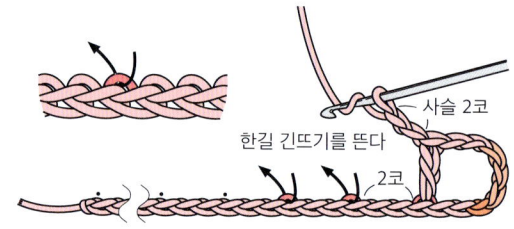

2 사슬 2코·한길 긴뜨기 1코를 반복하여 뜹니다.

2단

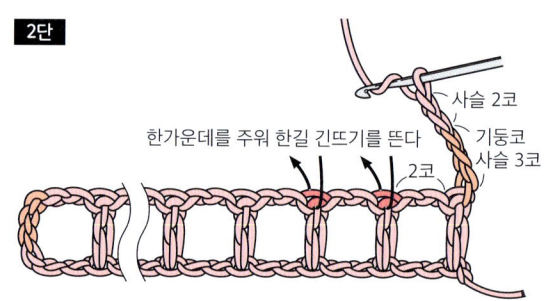

4 1단의 뒷면이 앞이 됩니다. 같은 방법으로 기둥코를 세우고, 화살표와 같이 전단의 한길 긴뜨기의 중앙(머리 실 2가닥과 그 아래의 코산까지 실 3가닥)을 줍습니다.

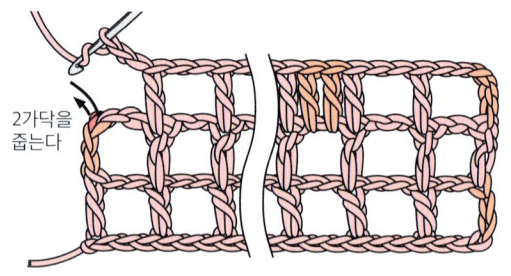

6 2단을 떴습니다. 뜨개바탕의 오른쪽을 뒤쪽으로 돌려 뒤집습니다.

8 왼쪽 끝의 마지막은 전단의 기둥코 사슬 3번째 코의 바깥쪽 반 코와 코산의 실, 2가닥을 줍습니다(2단 이후의 기둥코 사슬은 앞면).

1 21단까지 떴으면, 이어서 사슬 1 코로 기둥코를 세우고, 마지막 한 길 긴뜨기의 머리에 짧은뜨기를 합니다(모서리 1코).

3연속 피코뜨기

2 이어서 사슬 5코를 뜨고, 짧은뜨기의 머리 반 코와 다리의 실, 2 가닥에 코바늘을 넣습니다.

3 실을 걸어서 뺍니다.

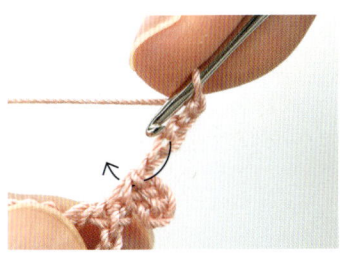

4 이어서 사슬 5코를 뜨고, **2**와 같은 곳에 코바늘을 넣고 실을 걸어서 뺍니다.

5 같은 동작을 한 번 더 반복하면, 사슬 5코 빼뜨기의 3연속 피코뜨기 완성.

6 한길 긴뜨기의 다리를 다발로 주워 짧은뜨기 2코를 뜨고, 다음은 전단의 기둥코 사슬의 3번째 코를 주워서 뜹니다.

사슬 3코 빼뜨기의 피코뜨기

7 이어서 사슬 3코를 뜨고, 짧은뜨기의 머리 반 코와 다리의 실, 2가닥에 코바늘을 넣습니다.

8 실을 걸어서 빼면, 사슬 3코 빼뜨기의 피코뜨기가 떠졌습니다.

9 이어서 다발로 주워 짧은뜨기 2코, 다음은 전단의 한길 긴뜨기의 머리를 주워서 뜹니다. 같은 방법으로 계속 떠 나갑니다.

뜨개 끝

10 마지막 짧은뜨기는 **1**에서 주웠던 한길 긴뜨기의 머리에 뜹니다.

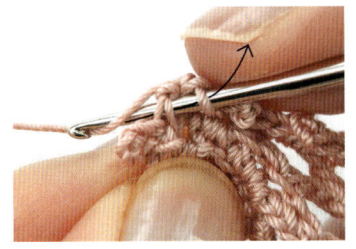

11 **1**의 짧은뜨기의 머리에 코바늘을 넣고, 실을 걸어 빼서 빼뜨기를 합니다.

12 마지막으로 한 번 더 실을 걸어서 빼고, 그 코를 크게 늘려서 실을 자른 다음 실 정리를 합니다.

P.13 ◇◇◇ 꽃무늬 삼각 숄

재료와 도구

올림푸스 에미 그란데
오일 옐로(582) 60g
레이스 코바늘 0호

완성 크기

폭 73㎝, 길이 32.5㎝
(끈 제외)

뜨개 포인트

기초코~1단 ⋯ 사슬 4코의 기초코에 이어서 기둥코 사슬 4코와 모눈 칸의 사슬 2코를 뜹니다. 기초코의 코산을 주워 한길 긴뜨기와 사슬 2코를 반복하여 뜹니다. 왼쪽 끝의 두 길 긴뜨기를 떴으면, 뜨개바탕의 오른쪽을 뒤쪽으로 돌려 뒤집습니다.

2단 ⋯ 전단의 한길 긴뜨기의 중앙을 주우면서(P.46 참조) 1단과 같은 방법으로 뜹니다.

3단 이후 ⋯ 같은 방법으로 뜨개를 시작하여 무늬 부분을 한길 긴뜨기로, 모눈 칸 부분을 사슬 2코로 뜹니다.

테두리뜨기·끈 ⋯ 47단에 이어 사슬 130코이 기초코를 만들어서 왼쪽 끈을 뜹니다. 인쪽 끈을 뜨고 연속해서 테두리뜨기A를 하는데, 이때 코를 전부 다발로 주워서 뜹니다. 테두리뜨기A에 이어 오른쪽 끈을 뜹니다. 끈에 이어서 테두리뜨기B를 합니다.

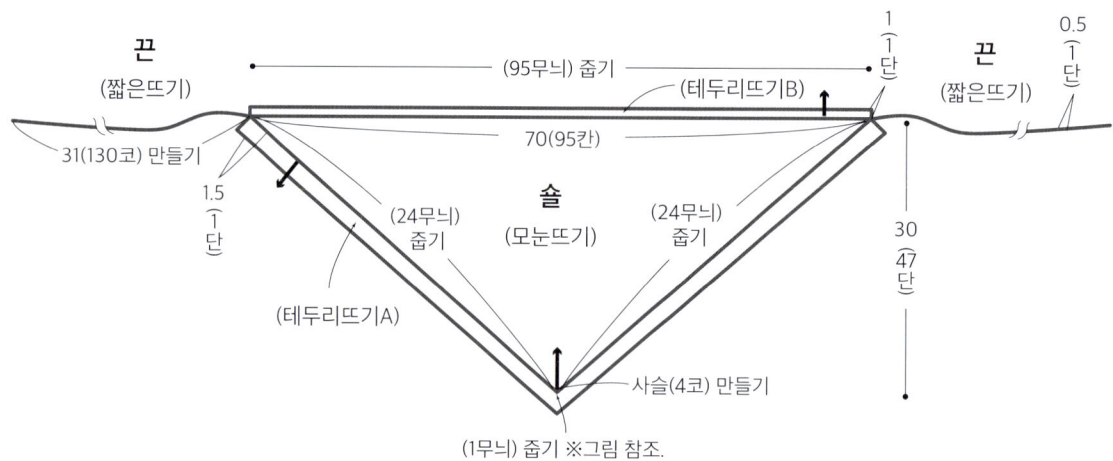

무늬 배치도

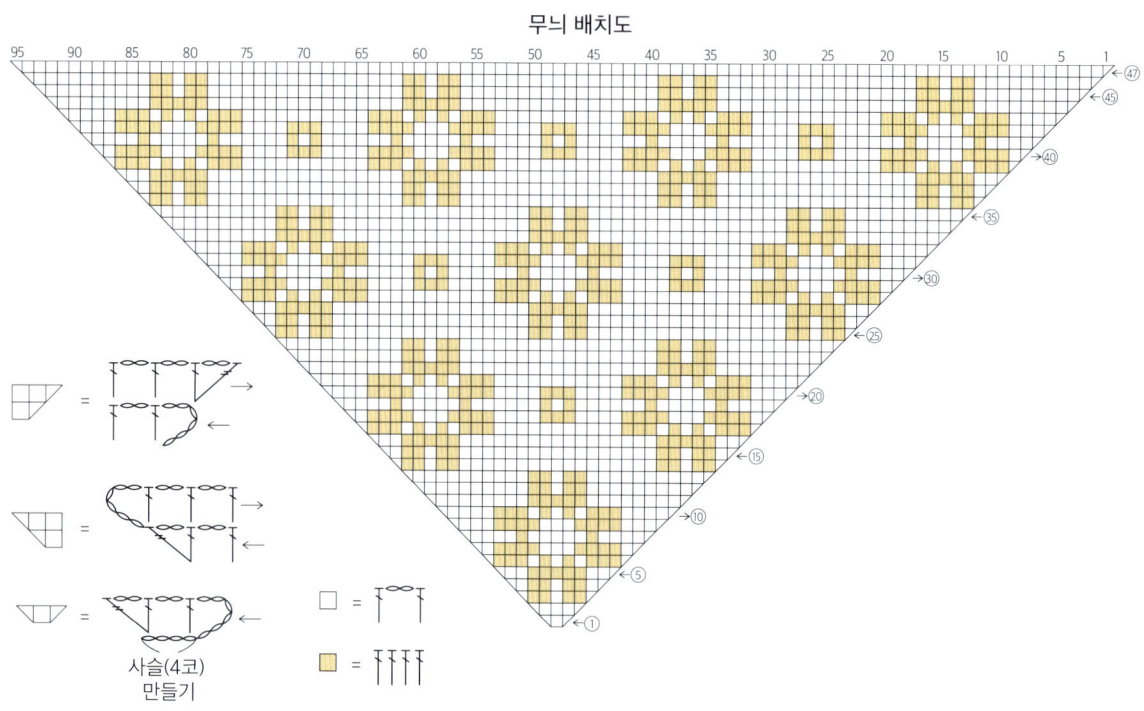

사슬(4코)
만들기

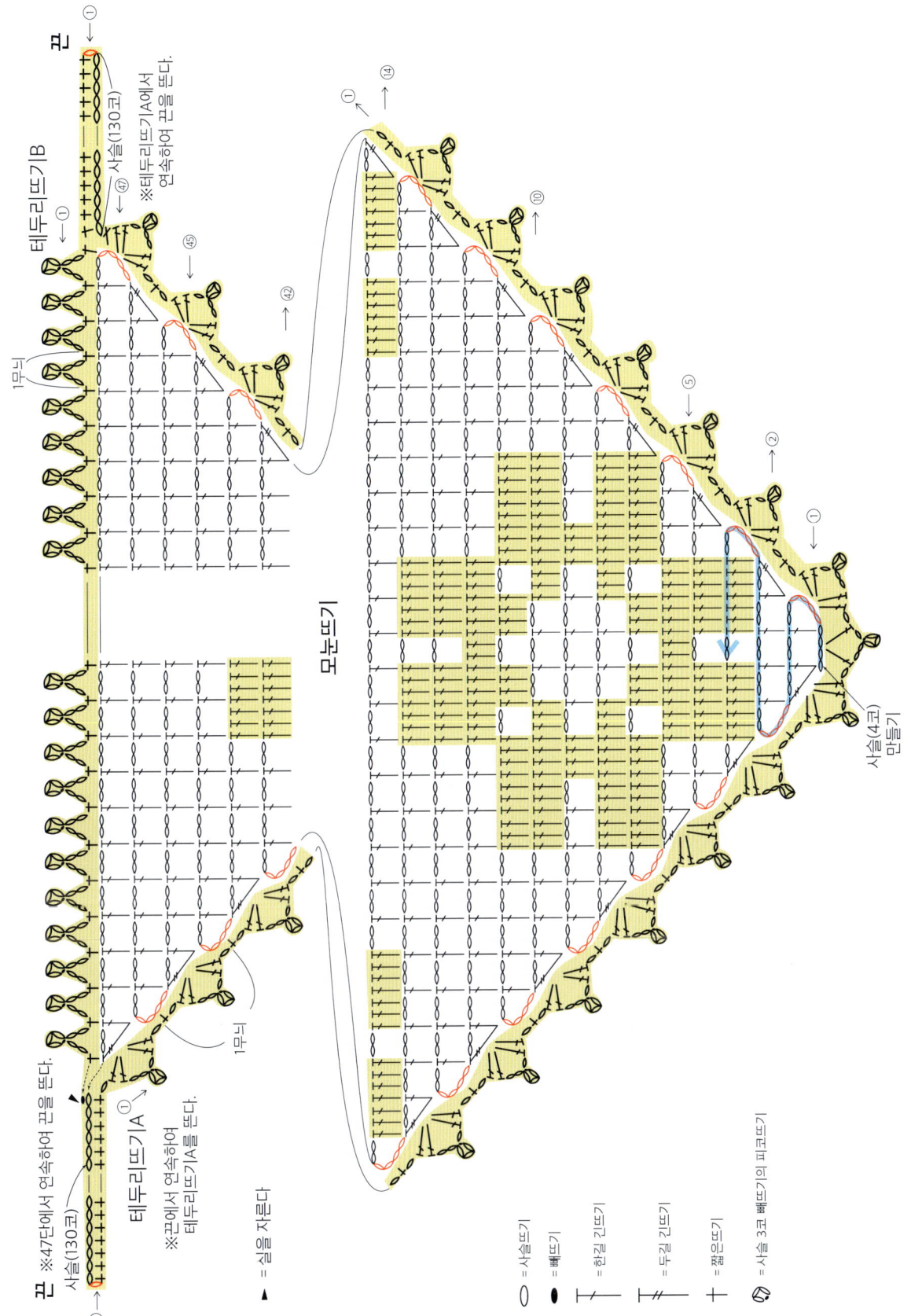

테두리뜨기B

1무늬

끝 ※테두리뜨기A에서 연속하여 코을 뜬다.

사슬(130코)

끝 ※47단에서 연속하여 코을 뜬다.

사슬(130코)

테두리뜨기A

※끝에서 연속하여 테두리뜨기A를 뜬다.

1무늬

사슬(4코) 만들기

모눈뜨기

= 실을 자른다.

▲

= 사슬뜨기

= 빼뜨기

= 한길 긴뜨기

= 두길 긴뜨기

= 짧은뜨기

= 사슬 3코 빼뜨기의 피코뜨기

재료와 도구

올림푸스 에미 그란데

a: 라이트 그레이지(811)·프로스티 화이트(851)·라이트 엄버(814) 각 5g

b: 라이트 그레이지(811) 6g, 프로스티 화이트(851)·라이트 엄버(814) 각 5g

c: 라이트 그레이지(811) 10g

레이스 코바늘 2호 (b·c: 코바늘 2/0호)

(열매의 심 만들기용: 굵은 대바늘)

완성 크기

그림 참조.

뜨개 포인트

각 파츠를 뜨고, 그림을 참조하여 조립합니다.

들장미 ··· 실로 원형 기초코를 만들어 뜨기 시작합니다. 사슬 3코로 기둥코를 세우고, 이어서 사슬 2코와 한길 긴뜨기를 뜹니다. 2단은 사슬 1코로 기둥코를 세우고, 전단의 사슬을 다발로 주워 '짧은뜨기, 긴뜨기, 한길 긴뜨기 3코, 긴뜨기, 짧은뜨기'를 반복하여 뜹니다. 3단은 P.54를 참조하여 뜹니다. 4단은 3단의 사슬을 다발로 주워서 뜹니다. 이후는 같은 요령으로 뜹니다.

나무 열매 ··· 실로 원형 기초코를 만들어 뜨기 시작하고, 1단은 짧은뜨기 6코를 뜹니다. 2단 이후는 기둥코를 만들지 않고 빙글빙글 뜹니다. 2·3단은 늘림코, 4단 이후는 증감 없이, 그 후 줄임코의 흐름으로 뜹니다(P.55 참조).

잎 ··· 2호 굵은 코바늘 2/0호로 사슬 12코의 기초코를 만들고 P.53을 참조하여 사슬코의 반 코와 코산을 주워 짧은뜨기를 합니다. 끝 코에는 3코를 뜨고, 반대쪽을 뜰 때는 나머지 반 코를 주워서 뜹니다. 2단 이후는 뒤쪽 반 코를 주워서 뜹니다(이랑뜨기).

조립하는 방법

a. 들장미와 나무 열매 브로치

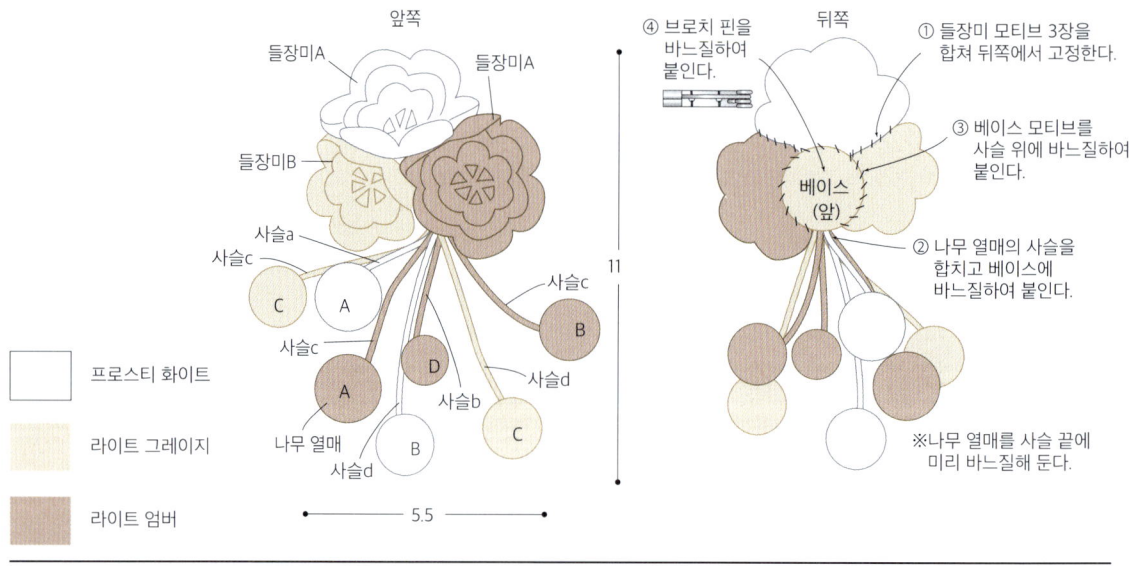

앞쪽

들장미A 들장미A

들장미B

사슬a
사슬c
사슬c
사슬c
사슬d
사슬b
사슬d
나무 열매
사슬d

11
5.5

프로스티 화이트

라이트 그레이지

라이트 엄버

뒤쪽

④ 브로치 핀을 바느질하여 붙인다.

① 들장미 모티브 3장을 합쳐 뒤쪽에서 고정한다.

③ 베이스 모티브를 사슬 위에 바느질하여 붙인다.

베이스 (앞)

② 나무 열매의 사슬을 합치고 베이스에 바느질하여 붙인다.

※나무 열매를 사슬 끝에 미리 바느질해 둔다.

b. 꽃심이 있는 들장미와 잎 브로치

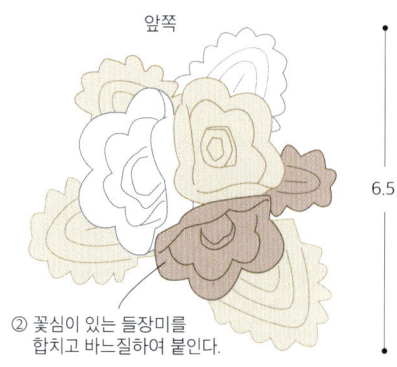

앞쪽

6.5

8.5

② 꽃심이 있는 들장미를 합치고 바느질하여 붙인다.

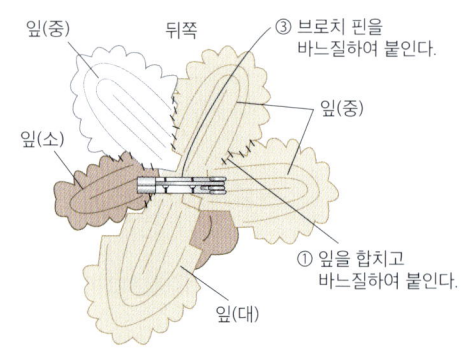

잎(중) 뒤쪽

③ 브로치 핀을 바느질하여 붙인다.

잎(소)

잎(중)

① 잎을 합치고 바느질하여 붙인다.

잎(대)

※c의 조립하는 방법은 P.59.

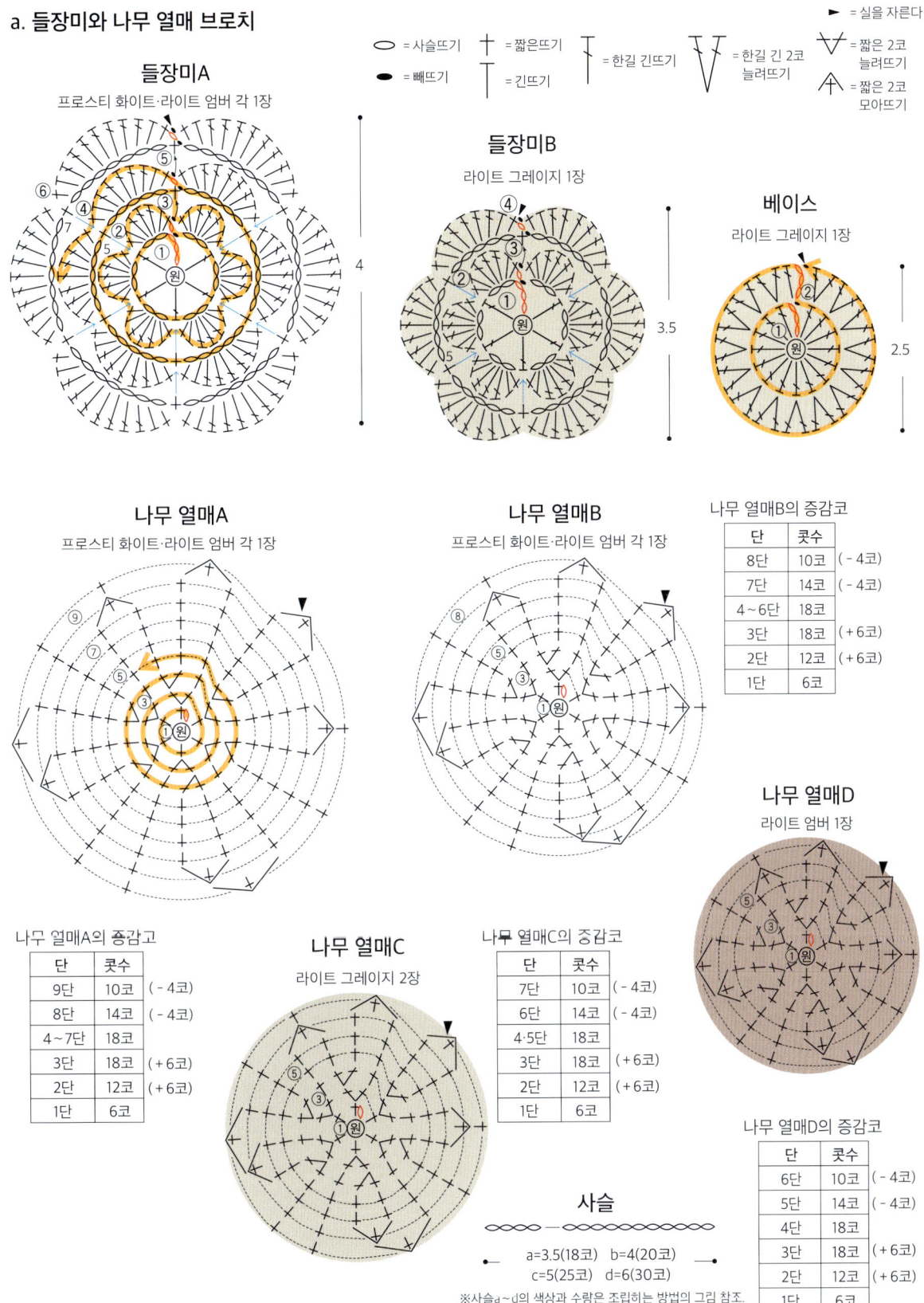

a. 들장미와 나무 열매 브로치

범례:
- ⬭ = 사슬뜨기
- ⬮ = 빼뜨기
- 十 = 짧은뜨기
- 〒 = 긴뜨기
- ꠇ = 한길 긴뜨기
- ꡙ = 한길 긴 2코 늘려뜨기
- V = 짧은 2코 늘려뜨기
- ⋀ = 짧은 2코 모아뜨기
- ► = 실을 자른다

들장미A
프로스티 화이트·라이트 엄버 각 1장
4

들장미B
라이트 그레이지 1장
3.5

베이스
라이트 그레이지 1장
2.5

나무 열매A
프로스티 화이트·라이트 엄버 각 1장

나무 열매B
프로스티 화이트·라이트 엄버 각 1장

나무 열매B의 증감코

단	콧수	
8단	10코	(- 4코)
7단	14코	(- 4코)
4~6단	18코	
3단	18코	(+6코)
2단	12코	(+6코)
1단	6코	

나무 열매D
라이트 엄버 1장

나무 열매A의 증감고

단	콧수	
9단	10코	(- 4코)
8단	14코	(- 4코)
4~7단	18코	
3단	18코	(+6코)
2단	12코	(+6코)
1단	6코	

나무 열매C
라이트 그레이지 2장

나무 열매C의 증감코

단	콧수	
7단	10코	(- 4코)
6단	14코	(- 4코)
4·5단	18코	
3단	18코	(+6코)
2단	12코	(+6코)
1단	6코	

나무 열매D의 증감코

단	콧수	
6단	10코	(- 4코)
5단	14코	(- 4코)
4단	18코	
3단	18코	(+6코)
2단	12코	(+6코)
1단	6코	

사슬
〜〜〜〜〜 — 〜〜〜〜〜

a=3.5(18코) b=4(20코)
c=5(25코) d=6(30코)

※사슬d~d의 색상과 수량은 조립하는 방법의 그림 참조.

다음 페이지에 이어집니다.

b. 꽃심이 있는 들장미와 잎 브로치

들장미A′

프로스티 화이트·라이트 엄버·라이트 그레이지
각 1장

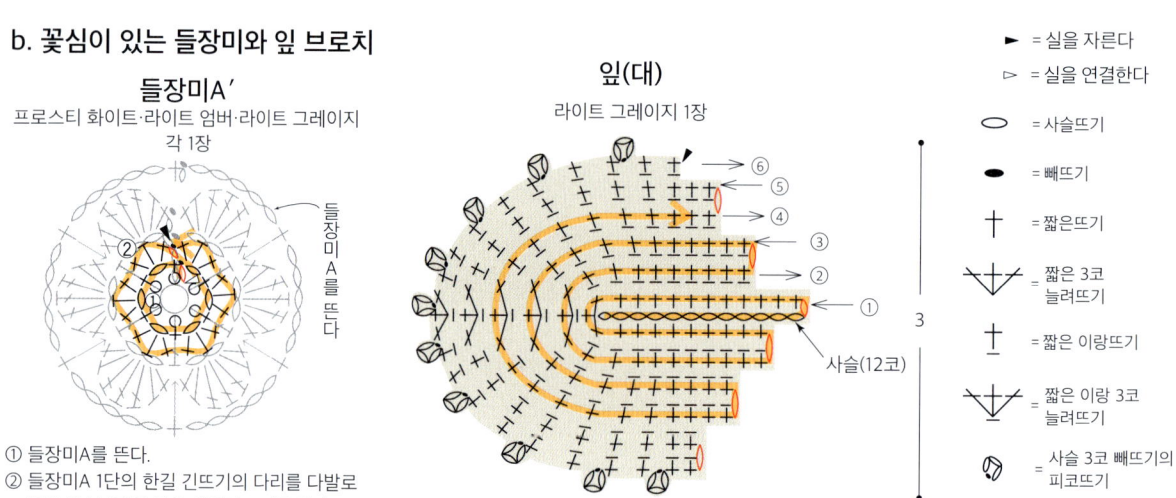

들장미 A를 뜬다

① 들장미A를 뜬다.
② 들장미A 1단의 한길 긴뜨기의 다리를 다발로
　주워 꽃심 1단의 짧은 앞걸어뜨기를 한다.
③ 꽃심 1단의 사슬뜨기에 짧은뜨기, 긴뜨기,
　짧은뜨기를 한다.

잎(대)

라이트 그레이지 1장

사슬(12코)

5.3

3

► = 실을 자른다
▷ = 실을 연결한다
⬭ = 사슬뜨기
⬬ = 빼뜨기
╈ = 짧은뜨기
╈(V) = 짧은 3코 늘려뜨기
╪ = 짧은 이랑뜨기
╪(V) = 짧은 이랑 3코 늘려뜨기
⬯ = 사슬 3코 빼뜨기의 피코뜨기
ↆ = 짧은 앞걸어뜨기

잎(중)

라이트 그레이지 2장　프로스티 화이트 1장

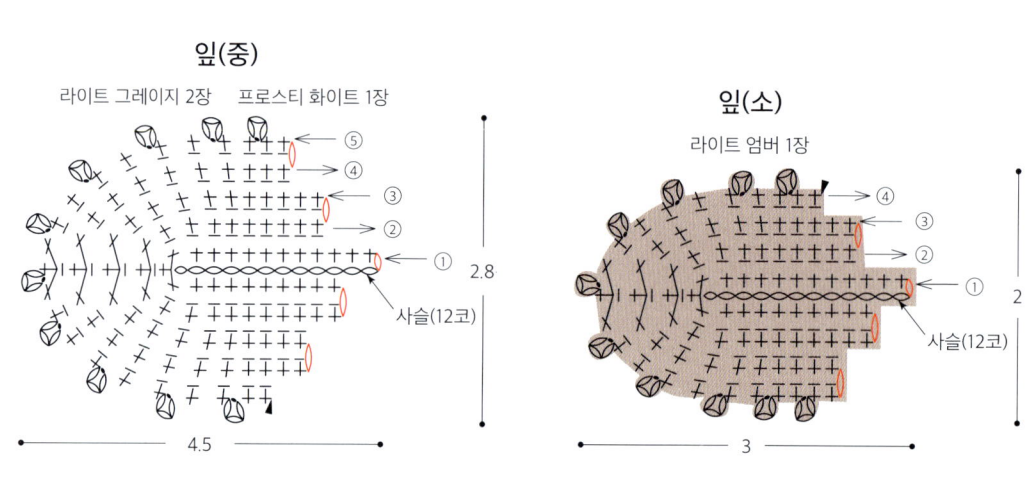

사슬(12코)

4.5

2.8

잎(소)

라이트 엄버 1장

사슬(12코)

3

2

c. 잎과 나무 열매 브로치

잎(특대)

라이트 그레이지 2장

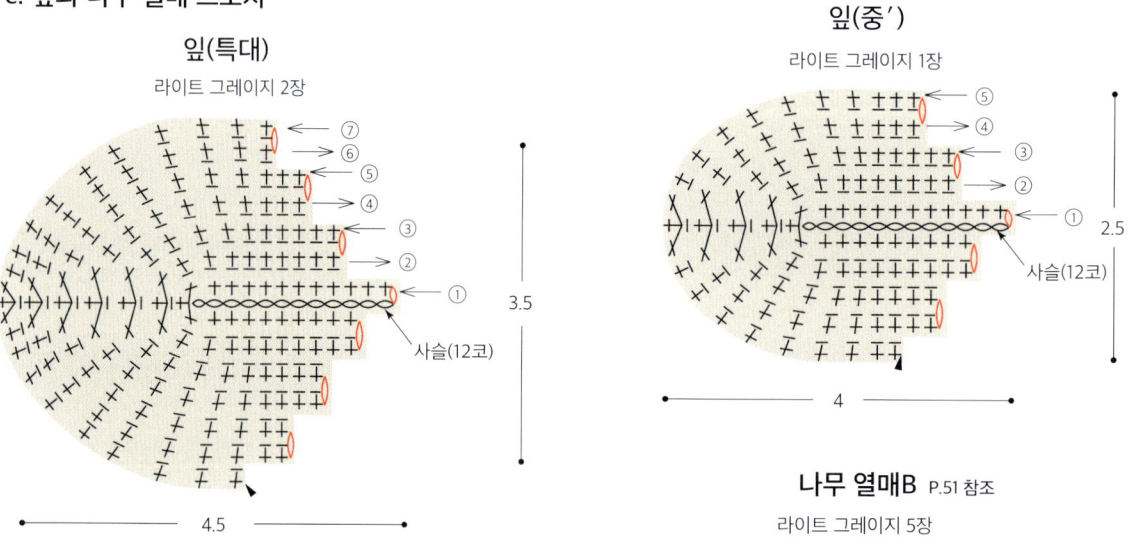

사슬(12코)

4.5

3.5

잎(중′)

라이트 그레이지 1장

사슬(12코)

4

2.5

나무 열매B P.51 참조

라이트 그레이지 5장

〈 잎 뜨는 방법 〉 짧은 이랑뜨기로 뜨는 잎 모티브입니다. ((◉)=잎끝, (◎)=잎자루 쪽)
단이 바뀔 때마다 뜨개바탕을 앞·뒤로 돌려서 잡고 짧은뜨기 머리의 뒤쪽 반 코를 줍습니다.

● 1단

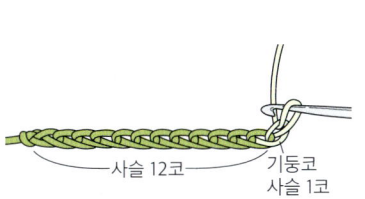

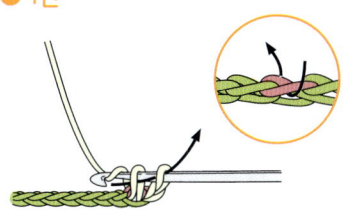

1 코바늘 2/0호로 기초코 사슬을 뜨고, 레이스 코바늘 2호로 바꾸어서 기둥코 사슬 1코를 뜹니다.

2 반 코와 코산을 주워서 짧은뜨기를 합니다.

3 잎끝(◉)의 짧은뜨기를 떴습니다. 다음 코도 마찬가지로 반 코와 코산을 주워 짧은뜨기를 합니다.

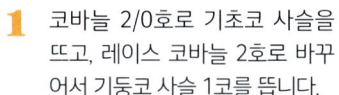

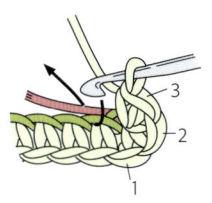

4 12번째 코를 떴으면, 같은 코에 짧은뜨기를 2코 더 뜹니다.

5 뜨개바탕을 진행 방향으로 돌리면서 같은 코에 짧은뜨기 3코를 떴습니다.

6 실꼬리를 감싸면서 기초코의 남은 실 1가닥을 주워 짧은뜨기를 계속 뜹니다.

● 2단

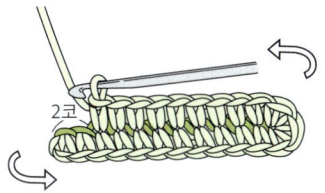

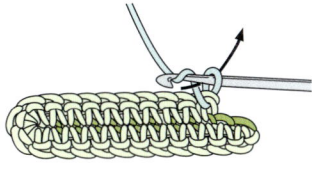

7 2코가 남을 때까지 떴으면, 뜨개바탕의 왼쪽을 앞쪽으로, 오른쪽을 뒤쪽으로 돌려 뒤집습니다.

8 실이 앞쪽에 있습니다. 화살표와 같이 코바늘을 움직여서 기둥코 사슬 1코를 뜹니다.

9 전단 끝의 짧은뜨기에서도 화살표와 같이 뒤쪽 반 코를 줍습니다.

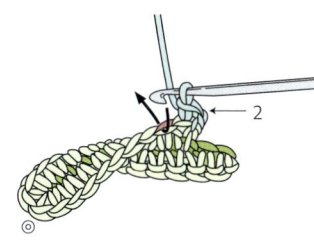

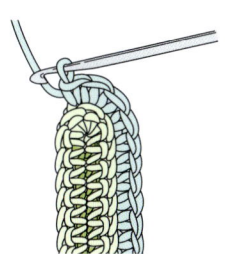

10 끝부분의 이랑뜨기 1코를 뜬 모습. 2번째 코 이후도 뒤쪽 반 코를 주워서 짧은뜨기를 합니다.

11 전단에서 3코를 떴던 중심 코는 뒤쪽 반 코를 주워 3코를 뜹니다.

12 3코가 남을 때까지 떴으면, 뜨개바탕을 돌려 뒤집습니다. 같은 요령으로 다음 부분을 뜹니다.

〈 들장미 뜨는 방법 〉 입체감을 내기 위해 사슬뜨기로 토대(브릿지)를 만들어서 꽃잎을 뜹니다.
2단까지는 기호 도안을 따라서 뜹니다. 3단(4단의 꽃잎을 뜨는 토대의 단)의 포인트를 설명합니다.

● 3단 브릿지(사슬 5코)의 짧은뜨기 줍는 방법

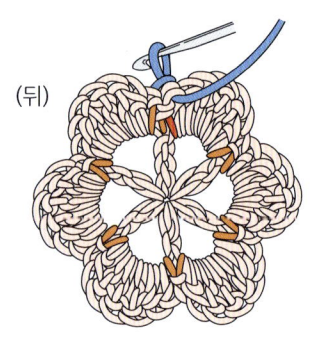

(뒤)

이해하기 쉽게 뒷면에서 설명합니다. 각 꽃잎의 짧은뜨기 다리의 바깥쪽 실 1가닥씩=전단 한길 긴뜨기 머리의 양쪽에 있는 八자(주황색)를 줍습니다. 짧은뜨기가 고정되어 꽃잎도 안정적이고 예쁘게 뜰 수 있습니다.

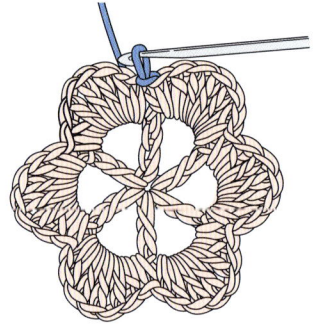

1 짧은뜨기는 앞에서 뜹니다. 꽃잎을 앞쪽으로 넘겨서 뒷면의 코 줍는 위치가 앞쪽으로 오게 합니다.

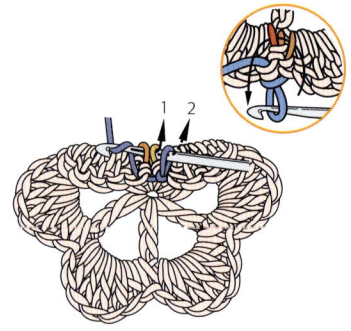

2 입체적으로 뜨기 위해 기둥코 위치도 짧은뜨기의 뒤쪽으로 당기듯이 하여, 기둥코 사슬을 뜨지 않고 빼뜨기 코 다음에 바로 짧은뜨기를 합니다.

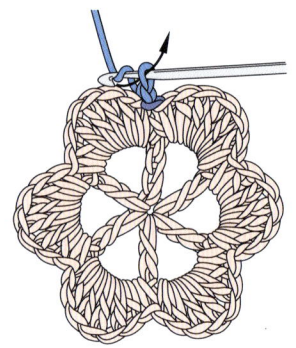

3 짧은뜨기를 뜨고, 이어서 브릿지의 사슬 5코를 뜹니다.

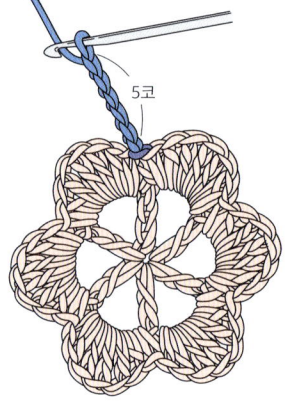

4 다음 짧은뜨기를 뜨면, 브릿지가 1개 생깁니다.

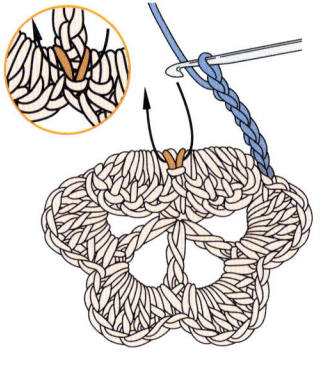

5 꽃잎을 앞쪽으로 넘겨서 화살표와 같이 코바늘을 넣어 짧은뜨기를 합니다.

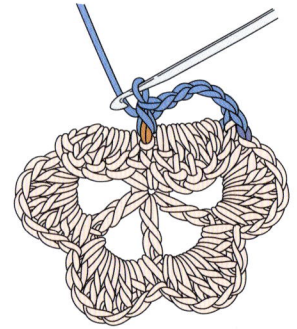

6 그다음은 **3~5**와 같이 반복합니다.

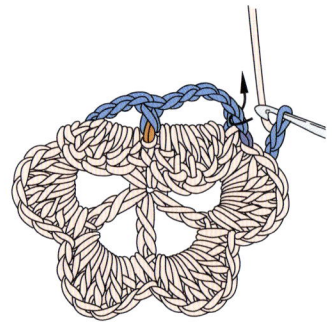

7 뜨개를 끝낼 때는 뜨개 시작의 짧은뜨기 머리(八자 사슬의 실 2가닥)에 빼뜨기합니다.

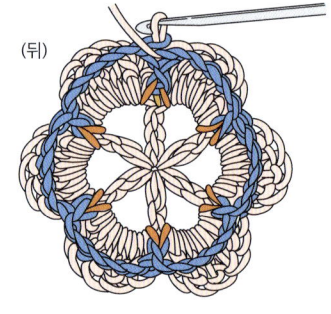

(뒤)

8 4단을 뜰 토대(브릿지)가 6개 생겼습니다. 뒤에서 본 모습.

〈 나무 열매 뜨는 방법 〉

짧은뜨기의 기둥코를 뜨지 않고 빙글빙글 돌면서 동그랗게 뜹니다. 뜨다 보면 자연스레 뒷면이 바깥쪽이 되므로 그대로 뒷면을 겉으로 사용합니다. 나무 열매B로 설명합니다.

● 단이 바뀌는 곳에 실 걸기

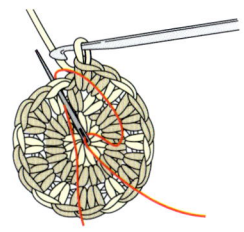

1 가는 실을 돗바늘에 끼우고, 단의 경계 부분의 짧은뜨기 머리에 실을 겁니다.

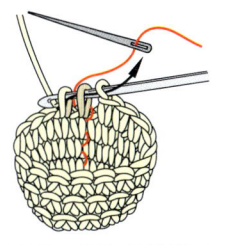

2 단이 바뀌는 곳을 쉽게 알 수 있습니다. 증감코 등을 할 때 기준이 됩니다.

● 4단

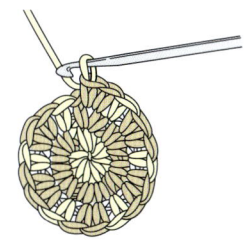

1 4단부터는 코를 늘리지 않고 전단과 같은 18코를 뜹니다.

● 6단

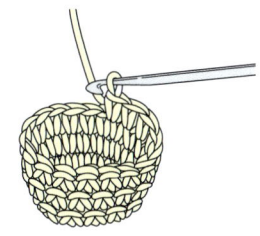

2 18코를 뜹니다. 자연스레 뒷면이 바깥쪽이 됩니다. 앞면인 안쪽을 보면서 뜹니다.

● 7단: 2코 모아뜨기로 코를 줄여서 동그랗게 오므립니다.

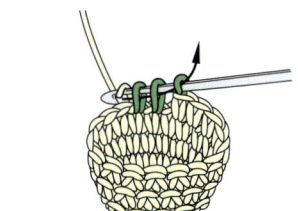

3 미완성의 짧은뜨기(P.63 참조)를 2코 뜨고, 코바늘에 실을 걸어 고리 3개를 뺍니다.

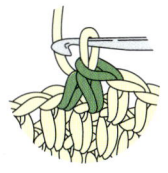

4 짧은 2코 모아뜨기를 떠서 1코를 줄였습니다.

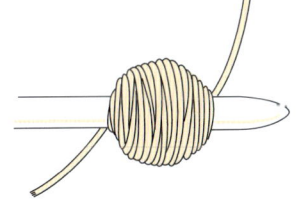

5 '짧은뜨기 2코·2코 모아뜨기 1번'을 4번 반복하여, 4코가 줄어서 14코가 되었습니다.

● 심 만드는 방법

6 굵은 대바늘에 실을 감아서 열매 크기 정도의 실 볼을 만듭니다.

● 심 넣는 방법

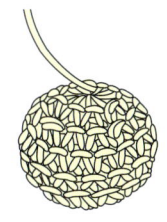

7 대바늘에서 실 볼을 빼고, 그대로 안에 넣습니다.

● 8단

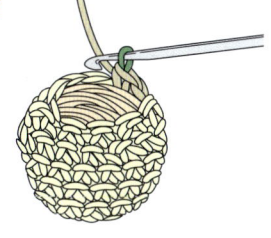

8 안에 심을 넣고 한 단을 더 뜹니다. 7단과 같은 요령으로 4코를 줄여 10코가 됩니다.

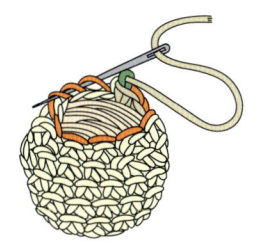

9 마지막 코를 당겨서 고리를 늘린 다음 실꼬리를 20㎝ 정도 남겨서 자르고, 돗바늘로 바깥쪽 반 코를 한 바퀴 빙 둘러 뜹니다.

10 실을 당겨서 조입니다. 실꼬리를 사용하여 파츠를 조립합니다.

[재료와 도구]

올림푸스 에미 그란데 라이트
엄버(814) 30g,
에미 그란데 '컬러스' 오일 옐로
(582)·라이트 스트로베리(119)·
세룰리안 블루(371)·윌로 그린
(273) 각 6g,
레이스 코바늘 2호, 레이스 코
바늘 0호(연결용)

[완성 크기]

폭 10cm, 길이 18.5cm

[뜨개 포인트]

꽃 모티브A ··· 사슬 13코의 기초코에 사슬 1코로 기둥코를 세우고, '짧은뜨기, 긴뜨기, 한
길 긴뜨기, 두길 긴뜨기'의 순으로 떠서 1번째 꽃잎을 뜹니다. 2번째 꽃잎은 뜨개바탕을
뒤집어서 사슬 1코, 빼뜨기의 이랑뜨기 5코, 사슬 7코를 뜨고, 그다음은 1번째 꽃잎과 똑
같이 뜹니다. 꽃 모티브B~D도 같은 요령으로 뜹니다.

잎 ··· 사슬 10코의 기초코로 뜨기 시작하고, 기호 도안을 따라 뜹니다.

꽃심 ··· 사슬 6코의 원형 기초코에 사슬 1코로 기둥코를 세우고 짧은뜨기를 합니다. 꽃심
(대)의 2단은 1단을 감싸듯이 기초코 원에 코바늘을 넣어서 뜹니다.

파우치 본체 ··· 사각 모티브를 4장 뜨고 P.58을 참조하여 각각 앞면을 맞대고 겹쳐서 반
코의 빼뜨기로 4장을 연결합니다. 꽃·잎 모티브는 P.58의 배치도를 참조하여 각각 같은
실로 바느질하여 붙입니다. 4장을 연결한 모티브를 중심을 기준으로 앞면이 바깥으로 나
오게 반으로 접고, 옆선은 2장에서 코를 한 번에 주워서 테두리뜨기를 합니다. 입구는 먼
저 앞쪽의 1장을 주워서 뜨고, 반대쪽 옆선을 뜬 다음, 2단에서 뒤쪽 입구의 1단을 뜨고
반대쪽 옆선의 2단을 뜹니다. 마지막으로 새로 실을 연결하여 입구의 2단을 뜹니다.

사각 모티브   라이트 엄버 4장   ► = 실을 자른다

= 사슬뜨기
= 빼뜨기
= 짧은뜨기
= 긴뜨기
= 한길 긴뜨기
= 긴 이랑뜨기
= 한길 긴 이랑뜨기
= 한길 긴 2코 구슬뜨기
= 한길 긴 3코 구슬뜨기

► = 실을 자른다

○ = 사슬뜨기   † = 짧은뜨기

● = 빼뜨기 | = 긴뜨기

┼ = 한길 긴뜨기   ╪ = 두길 긴뜨기   ◖ = 빼뜨기의 이랑뜨기
(머리의 뒤쪽 반 코를 줍는다)

꽃 모티브A   오일 옐로 1장

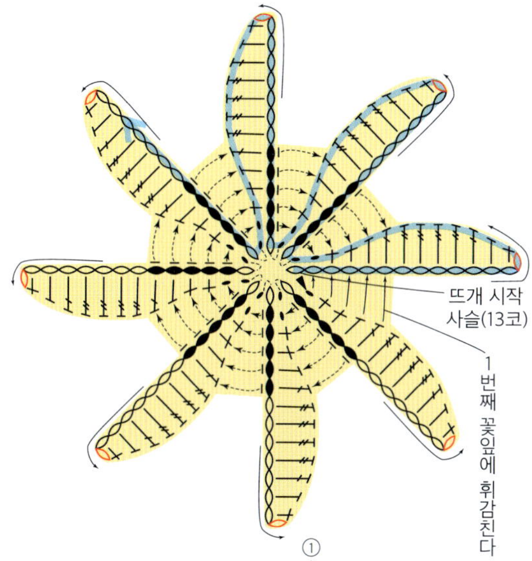

1번째 꽃잎

뜨개 시작
사슬(13코)

1번째 꽃잎에 휘감친다

꽃 모티브B   오일 옐로 1장

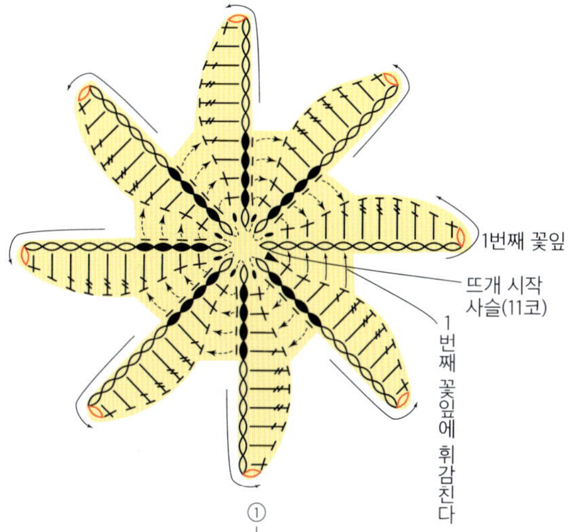

1번째 꽃잎

뜨개 시작
사슬(11코)

1번째 꽃잎에 휘감친다

잎(대)
윌로 그린 1장

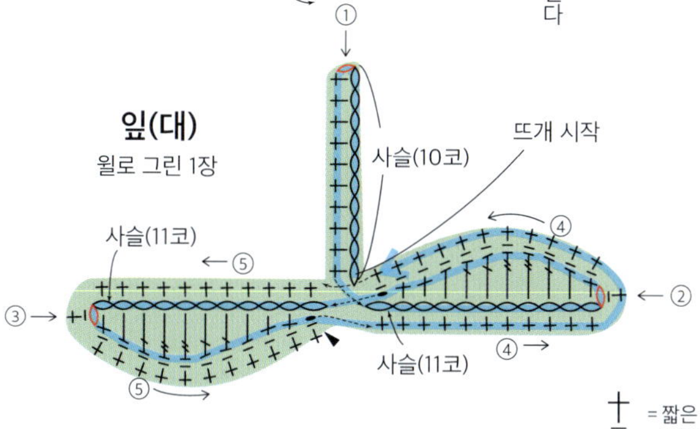

① 사슬(10코)   뜨개 시작

사슬(11코)

③   ⑤   ②

⑤   ④   ④

사슬(11코)

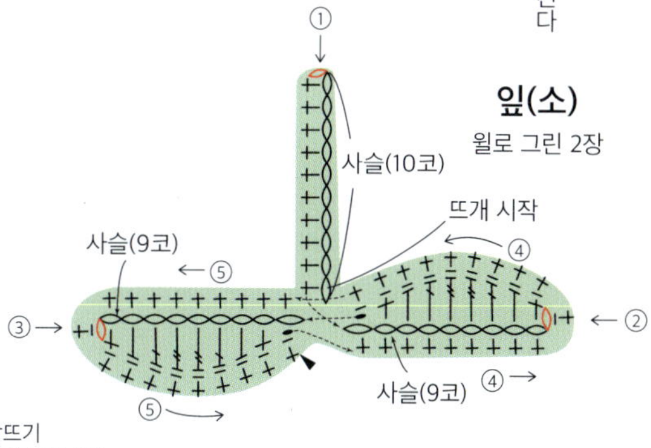

† = 짧은 이랑뜨기
(뒤쪽 반 코를 줍는다)

잎(소)
윌로 그린 2장

① 사슬(10코)   뜨개 시작

사슬(9코)

③   ⑤   ②

⑤   ④   ④

사슬(9코)

꽃 모티브C
리이드 스드로베리·세룰리안 블루 각 1징

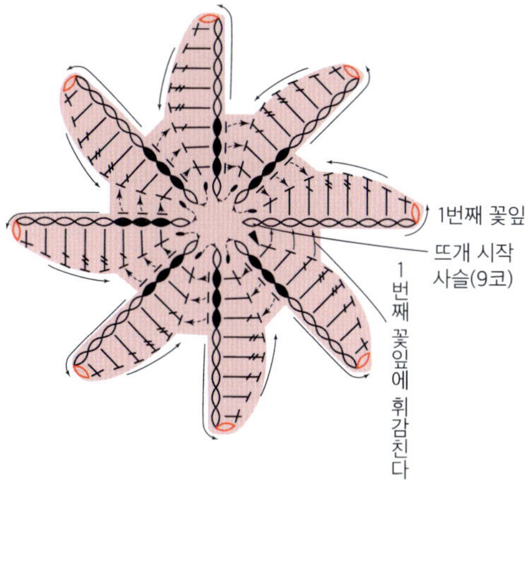

1번째 꽃잎

뜨개 시작
사슬(9코)

1번째 꽃잎에 휘감친다

꽃 모디브D   세룰리안 블루 1장

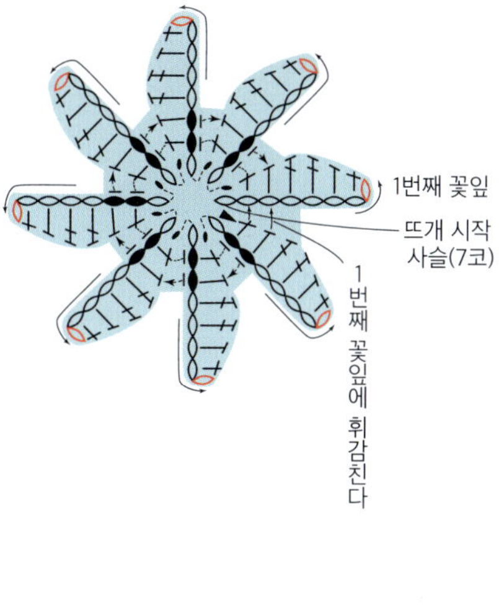

1번째 꽃잎

뜨개 시작
사슬(7코)

1번째 꽃잎에 휘감친다

꽃심(대)
오일 옐로 1장

②   ①   ⑥

※2단은 기초코 원에 코바늘을 넣고 1단의 짧은뜨기를 감싸듯이 뜬다.

꽃심(소)
라이트 스트로베리 1장
세룰리안 블루 2장

①   ⑥

다음 페이지에 이어집니다.

테두리뜨기와 꽃·잎 모티브의 배치

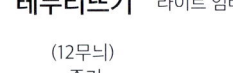

테두리뜨기 라이트 엄버

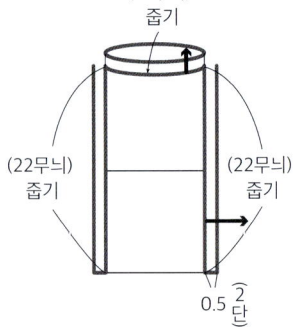

(12무늬)
줍기

(22무늬)
줍기

(22무늬)
줍기

0.5 $\frac{2}{단}$

사각 모티브 4장을 연결한 파우치 본체
앞면이 바깥으로 나오게 접고,
옆선은 2장에서 코를 한 번에 주워서 뜬다

모티브 연결하는 방법

바닥

사각 모티브를 앞면이 맞닿게 합치고,
반 코의 빼뜨기로 연결한다
(레이스 코바늘 0호 사용).

► = 실을 자른다
▷ = 실을 연결한다

◯ = 사슬뜨기
● = 빼뜨기
┼ = 짧은뜨기
╤ = 긴뜨기

뒤쪽 입구

잎(소)

꽃 모티브C

꽃심(소)

꽃 모티브A

꽃 모티브B

꽃심(대)

꽃 모티브D

잎(소)

잎(대)

꽃 모티브C   꽃심(소)

1무늬

① ②
테두리뜨기

⟨ 반 코의 빼뜨기 ⟩

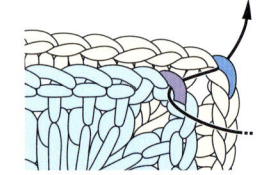

1 모티브 2장을 앞면이 맞닿게 합
치고, 모서리에 있는 각각의 사슬
의 바깥쪽 반 코에 코바늘을 넣습
니다.

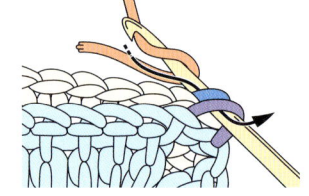

2 코바늘에 실을 걸어서 뺍니다.

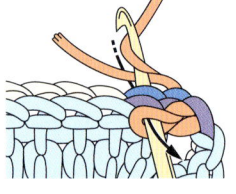

3 긴뜨기의 머리도 마찬가지로 각
각의 바깥쪽 반 코에 코바늘을 한
번에 넣고, 실을 걸어서 뺍니다.

58

P.17 ◇◇◇ 헤어밴드

재료와 도구

DMC 세벨리아 #10 베이지(842) 10g,
고무줄(2mm·다크 브라운) 20cm,
우드 비즈(지름 8mm) 1개,
레이스 코바늘 0호

완성 크기

폭 6cm, 길이 36.5cm(고무줄 제외)

뜨개 포인트

- 사슬 141코의 기초코를 만들고 반 코와 코산의 실, 2가닥을 주워서 무늬 뜨기를 네 단 뜹니다.
- 새로 실을 연결하고, 기초코의 반대쪽에서 남은 실 1가닥을 주워서 무늬 뜨기를 네 단 뜹니다.
- 이어서 오른쪽의 고무줄 구멍을 두 단 뜹니다.
- 새로 실을 연결하고, 왼쪽의 고무줄 구멍도 뜹니다.
- 고무줄을 원하는 길이로 맞추어 고무줄 구멍에 번갈아 통과시키고, 우드 비즈를 끼웁니다. 고무줄을 묶고 매듭을 비즈 안으로 숨깁니다.

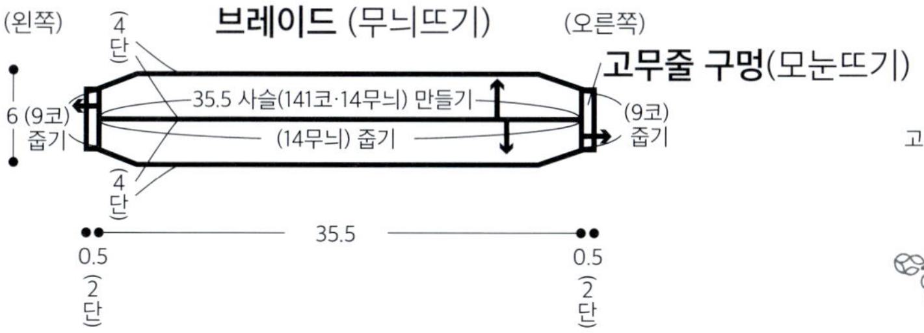

브레이드 (무늬뜨기)

(왼쪽) / (오른쪽)

고무줄 구멍(모눈뜨기)

35.5 사슬(141코·14무늬) 만들기
(14무늬) 줍기

6 (9코) 줍기

(9코) 줍기

4단 / 4단

35.5

0.5 2단 / 0.5 2단

고무줄 구멍 (왼쪽)

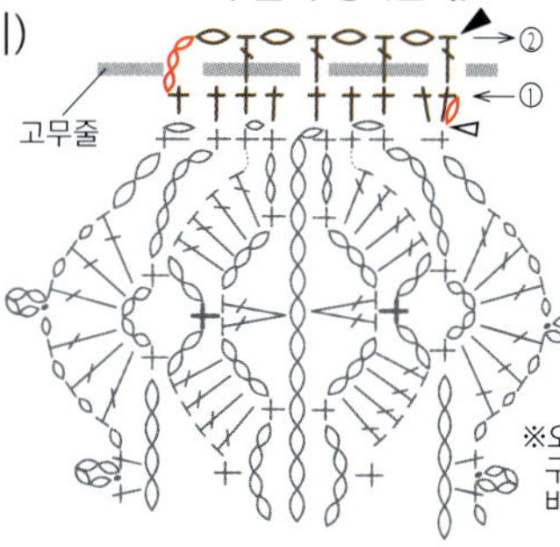

고무줄

※오른쪽의 고무줄 구멍은 브레이드를 뜨고 바로 이어서 똑같이 뜬다.

◯ = 사슬뜨기
● = 빼뜨기
十 = 짧은뜨기
T = 한길 긴뜨기
V = 한길 긴 2코 늘려뜨기
= 사슬 4코 빼뜨기의 피코뜨기

▷ = 실을 연결한다
▶ = 실을 자른다

브레이드

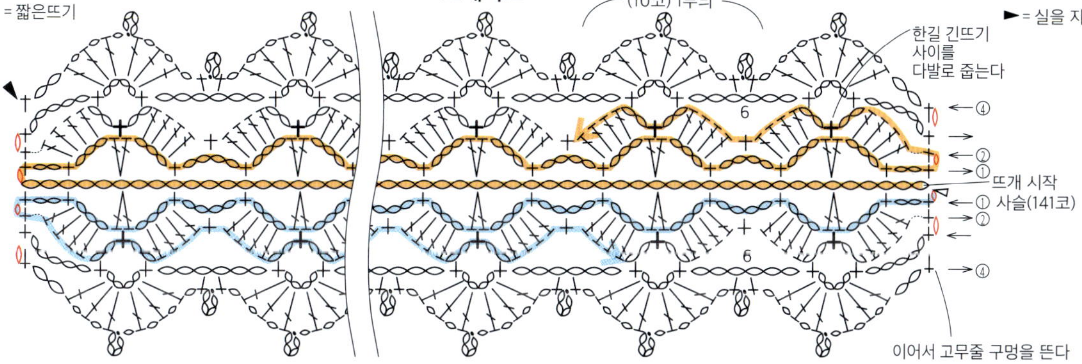

(10코) 1무늬

한길 긴뜨기 사이를 다발로 줍는다

6
6

④ / ② / ① 뜨개 시작
① 사슬(141코)
② / ④

이어서 고무줄 구멍을 뜬다

※P.50에서 이어짐.

조립하는 방법 c. 잎과 나무 열매 브로치

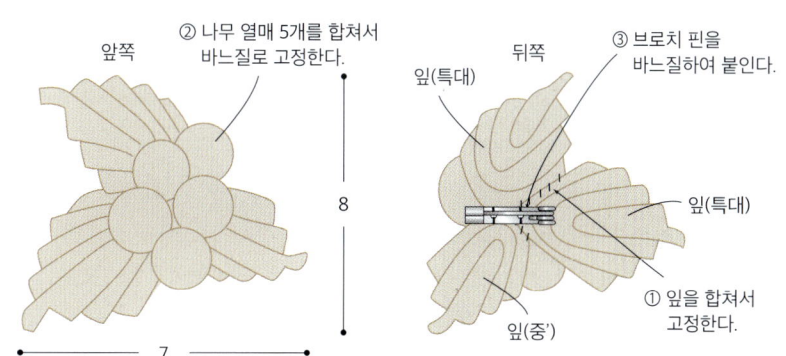

앞쪽
② 나무 열매 5개를 합쳐서 바느질로 고정한다.

뒤쪽
③ 브로치 핀을 바느질하여 붙인다.
잎(특대)
잎(특대)
① 잎을 합쳐서 고정한다.
잎(중')

8

7

P.16 ◇◇◇ 다양한 에징·브레이드

재료와 도구

올림푸스 에미 그란데

a: 라이트 스트로베리(119) 5g

b: 라이트 베이지(812) 5g

c: 프로스티 화이트(851) 10g, 육각 비즈(외경 3㎜·실버) 201개 (1무늬에 23개)

d: 올리브 브라운(844) 10g

e: 마졸리카 블루(335) 10g

레이스 코바늘 0호

완성 크기

그림 참조.

뜨개 포인트

a … 사슬 8코의 원형 기초코를 만들고, 사슬뜨기와 한길 긴 2코 구슬뜨기로 꽃잎을 떠서 기초코 원에 빼뜨기합니다. 1번째 꽃은 3장, 2번째부터는 꽃잎 2장을 뜬 다음, 사슬 7코를 뜨고 다음 꽃으로 넘어갑니다. 반대쪽의 꽃잎을 떠서 꽃 모양을 완성하면서 되돌아옵니다.

b … 사슬 105코의 기초코를 만들고, 이어서 사슬 3코로 기둥코를 세워 한길긴뜨기와 사슬뜨기로 뜹니다. 2단은 사슬 6코와 짧은뜨기를 뜨고, 마지막은 사슬 3코와 한길 긴뜨기를 합니다. 3단은 사슬 1코로 기둥코를 세우고 짧은뜨기, 사슬3코 빼뜨기의 피코뜨기, 한길 긴 2코 구슬뜨기, 사슬 1코, 사슬 3코 빼뜨기의 피코뜨기, 사슬 1코를 뜨며 진행합니다.

※b는 작품의 뒷면을 앞으로 사용하였습니다.

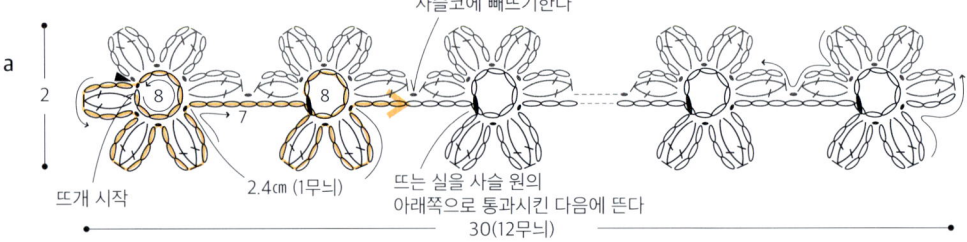

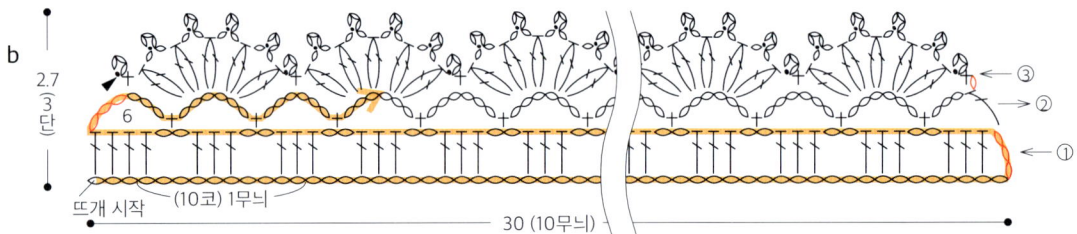

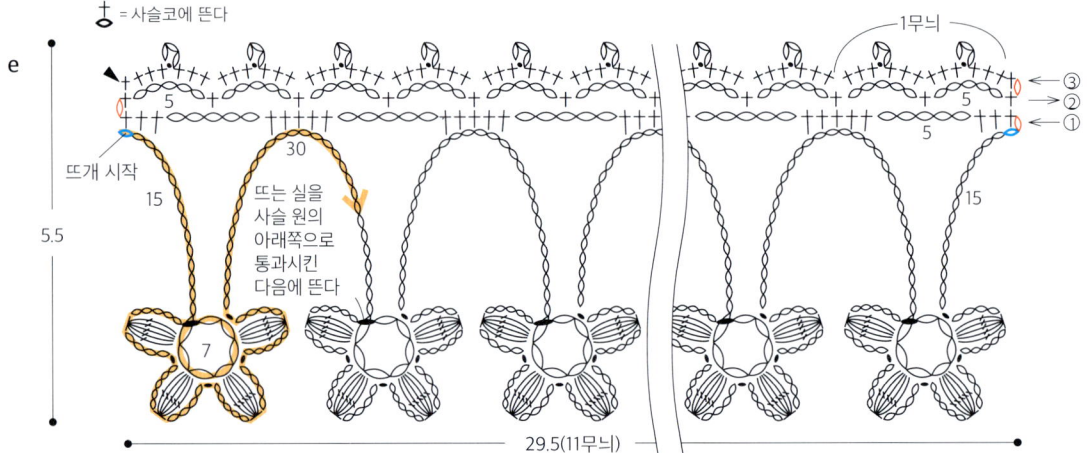

c … 비즈 201개를 실에 꿴 다음 뜹니다. 기초코로 사슬 1코를 뜨고, 한길 긴뜨기와 사슬뜨기로 왕복하면서 뜨는데, 짝수 단의 한길 긴뜨기에는 비즈를 넣으면서 뜹니다(미완성의 한길 긴뜨기를 뜬 다음, 비즈 1개를 끌어오고 실을 걸어서 뺀다). 테두리뜨기는 1단은 한길 긴 2코 모아뜨기와 사슬뜨기로 뜨고, 2단의 한길 긴뜨기에 비즈를 넣고 뜹니다.

d … 사슬 13코의 기초코를 만들어서 뜨기 시작하고, 한길 긴뜨기와 사슬뜨기로 뜹니다. 2단의 첫 한길 긴뜨기 9코는 전단의 사슬을 다발로 주워서 뜨고, 이후는 기호 도안을 따라 왕복하여 뜹니다.

e … 사슬 15코에 이어 사슬 7코를 원형으로 만들어서 빼뜨기하고, '사슬 5코, 한길 긴 5코 구슬뜨기(다발), 사슬 4코, 빼뜨기'를 4번 반복합니다. 이어서 사슬 30코를 뜨고, 1번째 꽃과 똑같이 뜹니다. 꽃을 전부 떴으면 사슬 15코를 뜹니다. 다음 단은 사슬 1코로 기둥코를 세우고 짧은뜨기 3코, 이어서 '사슬 5코, 짧은뜨기 5코'를 반복하여 뜹니다. 마지막도 짧은뜨기 3코입니다. 다음 단은 사슬 1코로 기둥코를 세우고 '짧은뜨기, 사슬 5코'를 반복하여 뜹니다. 다음 단은 짧은뜨기와 사슬 3코 빼뜨기의 피코뜨기로 뜹니다.

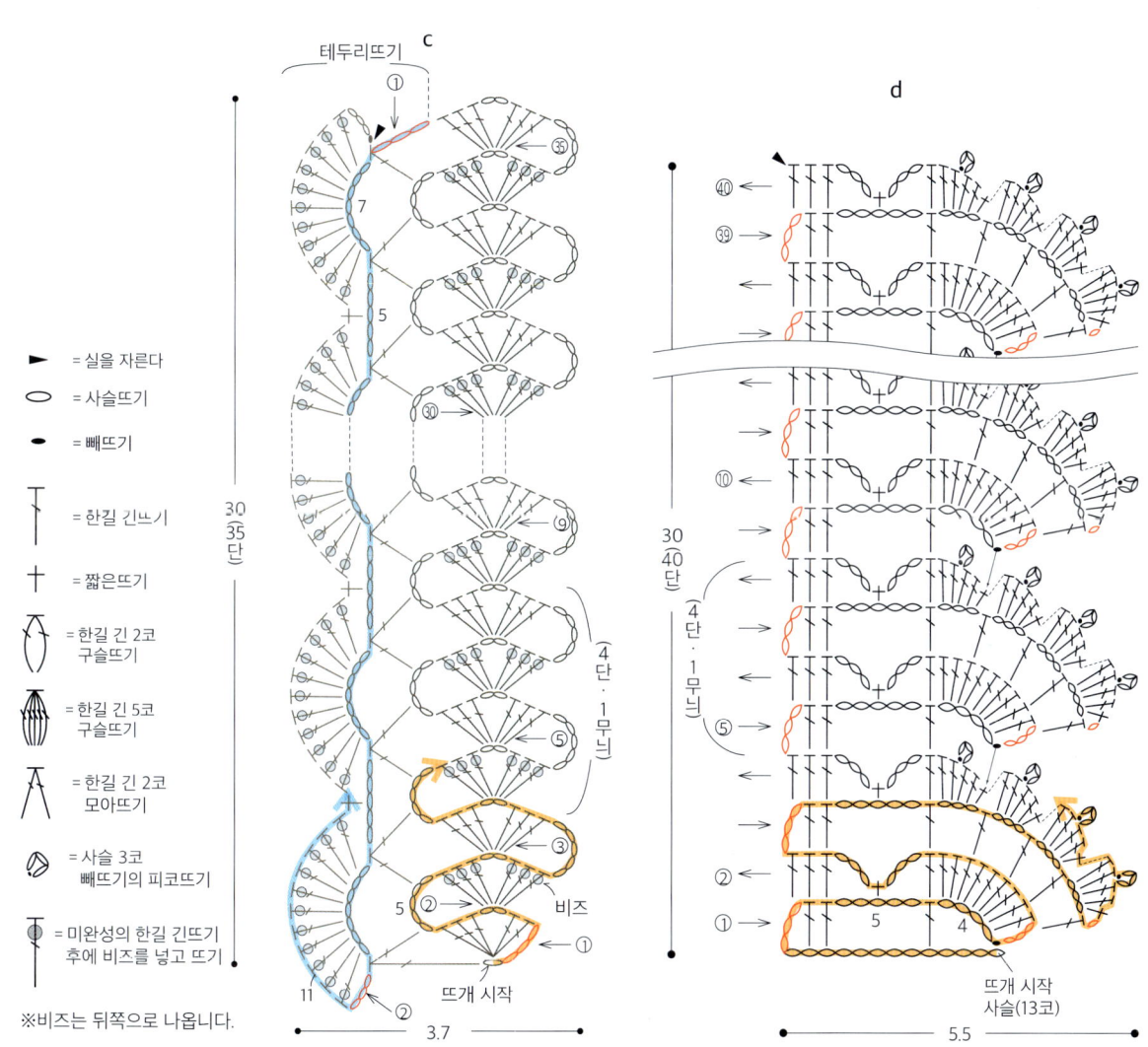

▶ = 실을 자른다
◯ = 사슬뜨기
● = 빼뜨기
† = 한길 긴뜨기
+ = 짧은뜨기
= 한길 긴 2코 구슬뜨기
= 한길 긴 5코 구슬뜨기
= 한길 긴 2코 모아뜨기
= 사슬 3코 빼뜨기의 피코뜨기
= 미완성의 한길 긴뜨기 후에 비즈를 넣고 뜨기

※비즈는 뒤쪽으로 나옵니다.

테두리뜨기 c

30(35단)

(4단·1무늬)

비즈

뜨개 시작

3.7

d

30(40단)

(4단·1무늬)

뜨개 시작
사슬(13코)

5.5

〈 뜨개의 기초 〉

● 원형 기초코(실꼬리로 원을 만든다)

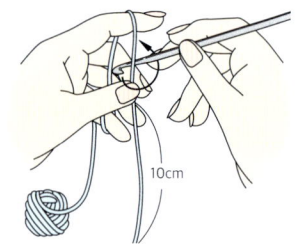
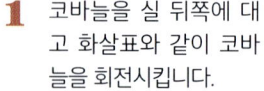
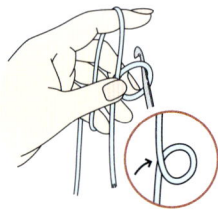
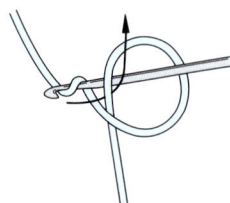
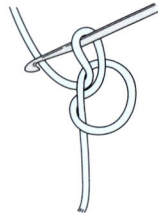

1 코바늘을 실 뒤쪽에 대고 화살표와 같이 코바늘을 회전시킵니다.

2 원이 만들어지면 손가락으로 잡습니다.

3 원 안으로 코바늘을 넣고 실을 당겨서 뺍니다.

4 고리가 생겨서 사슬코가 코바늘에 걸렸습니다. 여기까지가 기초코의 원입니다.

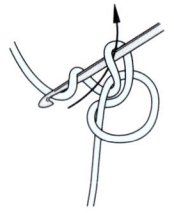
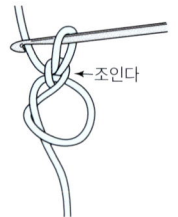
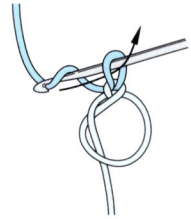
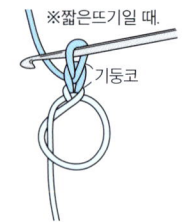

5 한 번 더 실을 걸어서 뺍니다.

6 실을 당겨서 첫 사슬코를 조입니다.

7 코바늘에 실을 걸어 빼서 사슬 1코를 뜹니다.

8 이 코가 기둥코 사슬(짧은뜨기는 1코)입니다.

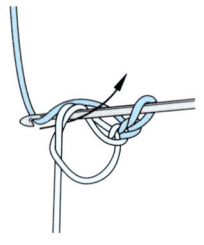
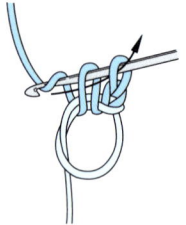
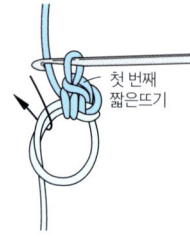
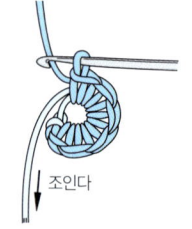

9 (짧은뜨기) 원 안으로 코바늘을 넣고 실을 당겨서 뺍니다.

10 한 번 더 실을 걸어서 뺍니다.

11 짧은뜨기를 떴습니다. 같은 방법으로 이어서 뜹니다.

12 1단을 떴으면 실꼬리를 당겨서 원을 조입니다.

사슬뜨기	빼뜨기	짧은뜨기	긴뜨기	한길 긴뜨기	두길 긴뜨기	세길 긴뜨기	짧은 2코 늘려뜨기	짧은 2코 모아뜨기

한길 긴 2코 늘려뜨기	한길 긴 3코 모아뜨기	한길 긴 3코 구슬뜨기	한길 긴 5코 구슬뜨기	사슬 3코 빼뜨기의 피코뜨기	네길 긴뜨기	짧은 앞걸어뜨기
						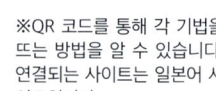

※QR 코드를 통해 각 기법을 뜨는 방법을 알 수 있습니다. 연결되는 사이트는 일본어 사이트입니다.

※콧수나 뜨개코가 다를 때에도 방식은 같으므로 조합하여 뜹니다.

● 짧은 이랑뜨기 (왕복뜨기)

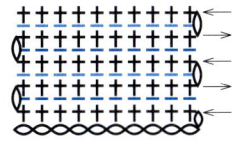

모든 단에서 전단의 짧은뜨기 머리의 뒤쪽 반 코를 주워서 뜹니다. 뜨개바탕에 이랑처럼 올록볼록하게 무늬가 생깁니다.

1단(앞)

1 1단은 기초코의 '사슬의 위쪽 반 코와 코산, 2가닥'을 주워서 뜹니다.

2단(뒤)

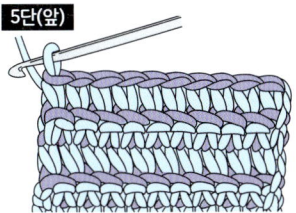

2 뜨개바탕을 돌려서 잡고, 사슬 1 코로 기둥코를 세우고 전단의 짧은뜨기 머리의 뒤쪽 반 코를 주워서 뜹니다.

3단(앞)

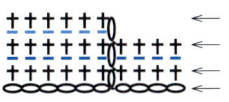

3 뜨개바탕을 돌려서 잡고, 마찬가지로 전단의 짧은뜨기 머리의 뒤쪽 반 코를 주워서 뜹니다.

4단(뒤)

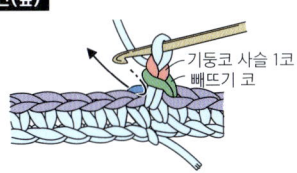

4 뜨개바탕을 돌려서 잡고, 마찬가지로 전단의 짧은뜨기 머리의 뒤쪽 반 코를 주워서 뜹니다.

5단(앞)

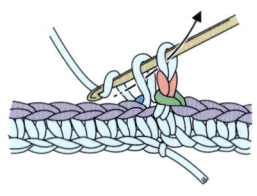

5 뜨개바탕을 돌려서 잡고, 같은 방법으로 뜹니다. 짧은뜨기의 머리 반 코의 줄무늬가 2단에 1번씩 번갈아 나타납니다.

● 짧은 이랑뜨기 (원형뜨기)

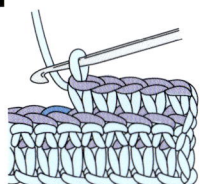

원형뜨기는 항상 앞면을 보고 뜹니다. 앞쪽에 줄무늬가 나오게, 전단의 뒤쪽 반 코를 주워서 뜹니다.

2단(앞)

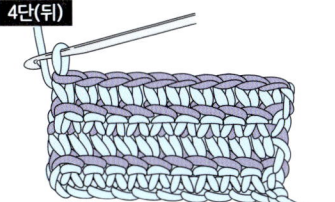

기둥코 사슬 1코
빼뜨기 코

1 1단은 일반적인 짧은뜨기로 한 바퀴를 뜨고 첫 번째 코에 빼뜨기합니다. 2단은 사슬 1코로 기둥코를 세웁니다.

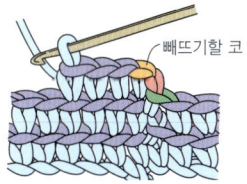

2 전단의 뒤쪽 반 코를 주워서 짧은뜨기를 합니다.

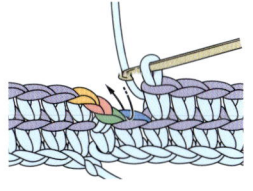

3 뒤쪽 반 코를 주워 짧은뜨기로 한 바퀴를 뜹니다.

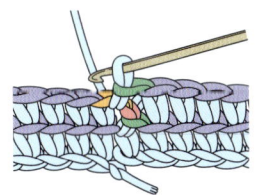

4 2단의 끝도 1번째 짧은뜨기 코의 머리에 빼뜨기합니다.

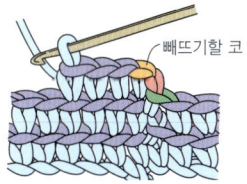

빼뜨기할 코

5 3단도 마찬가지로 뜹니다. 짧은 뜨기의 머리 반 코의 줄무늬가 모든 단에 나타납니다.

〈 미완성의 뜨개코 〉

각 뜨개코의 마지막 빼뜨는 동작을 하기 전의, 코바늘에 고리를 남긴 상태를 말합니다. 구슬뜨기 코나 ○코 모아뜨기, 실을 색상을 바꿀 때나 실을 연결할 때는 이 상태에서 합니다.

미완성의 짧은뜨기	미완성의 긴뜨기	미완성의 한길 긴뜨기	미완성의 두길 긴뜨기
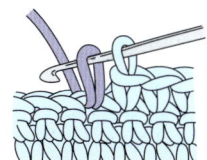	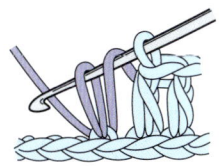		

강수현 옮김

어릴 때부터 엄마가 직접 떠 준 스웨터를 입고 자라고, 중학교 수예부를 시작으로 수예에 입문하였다.
어른이 되어서는 문화센터와 학원에서 손뜨개, 옷 만들기 등을 배우며 취미로 즐기다가,
현재는 바른번역에서 수예 전문 번역가로 활동 중이다.
옮긴 책으로는 〈매일 입고 싶은 남자 니트〉, 〈겨울 손뜨개 가방〉, 〈코바늘 연속 모티브 패턴집〉,
〈코바늘 연속 모티브 패턴집 2〉, 〈히구치 유미코의 자수 시간〉, 〈양모 펠트 플라워 40〉, 〈손뜨개 아틀리에 31〉,
〈쉽게 배우는 모티브 뜨기의 기초〉, 〈코바늘로 뜨는 우아한 손뜨개 꽃〉 등이 있다.

누구나 알기 쉬운
레이스 뜨기의 기초 핸드북

1판 1쇄 인쇄 | 2026년 1월 12일
1판 1쇄 발행 | 2026년 1월 20일

지은이 일본보그사
옮긴이 강수현
펴낸이 김기옥

라이프스타일팀장 이나리
편집 장윤선, 김민주
마케터 이지수
지원 고광현, 김형식

디자인 부가트 디자인
인쇄·제본 민언프린텍

펴낸곳 한스미디어(한즈미디어(주))
주소 04037 서울시 마포구 양화로 11길 13(서교동, 강원빌딩 5층)
전화 02-707-0337 | **팩스** 02-707-0198 | **홈페이지** www.hansmedia.com
출판신고번호 제 313-2003-227호 | **신고일자** 2003년 6월 25일

ISBN 979-11-94777-99-1 (13590)

· 책값은 뒤표지에 있습니다.
· 잘못 만들어진 책은 구입하신 서점에서 교환해 드립니다.
· 이 책에 게재되어 있는 작품을 복제하여 판매하는 것은 금지되어 있습니다.